宜居城市

规划建设的理论与实践

■ 于 立 著

中国城市出版社

图书在版编目（CIP）数据

宜居城市规划建设的理论与实践 / 于立著．—北京：
中国城市出版社，2022.7
ISBN 978-7-5074-3483-5

Ⅰ.①宜…　Ⅱ.①于…　Ⅲ.①城市规划—研究—厦门
Ⅳ.①TU984.257.3

中国版本图书馆 CIP 数据核字（2022）第 098768 号

责任编辑：陈夕涛　吴宇江
责任校对：姜小莲

宜居城市规划建设的理论与实践
于　立　著
*
中国城市出版社出版、发行（北京海淀三里河路 9 号）
各地新华书店、建筑书店经销
华之逸品书装设计制版
北京中科印刷有限公司印刷
*
开本：787 毫米×1092 毫米　1/16　印张：13¼　字数：215 千字
2022 年 7 月第一版　2022 年 7 月第一次印刷
定价：**58.00** 元
ISBN 978-7-5074-3483-5
（904471）

前言
PREFACE

建设宜居城镇和乡村长期以来就是人类积极探索的目标。早期对宜居的理解和研究侧重于研究人类生活和工作的物质建成环境，慢慢地转变为物质建成环境和社会环境并重；宜居研究和探索的目的试图解决城镇化和工业化所引发的生活空间和环境的不和谐问题。进入21世纪后，宜居性的内涵更加丰富，研究也更深入和宽广。随着可持续发展的理念被世人普遍接受，宜居性与可持续发展密切联系了起来，因为宜居性与可持续性是相辅相成的，宜居城市的核心内容与可持续发展的要素及原则基本是一致的。因为一座宜居城市需要有可持续的经济发展，经济的增长能够为居民提供良好的公共卫生条件；宜居城市必然是一座环境优美的城市，现代生活中，必然需要提升污染风险的防范；宜居的城市也应当是社会公平的城市，人们能够平等获得各项资源；这些等都直接影响人民的生活质量，影响了一座城市的宜居性（Litman，2010），而这些同样是可持续发展的核心原则。

宜居的建设过程，政府将发挥重要的作用，政府通过提供能够满足居民生活、工作、休憩的各种设施和服务，包括住房、交通、教育、文化多样性、娱乐等改善居民的场所意识和感受（Washington State Department of Transportation，WSDOT，2016）。不过，一座城市的宜居性是“一个区域居民感知到的环境和社会的品质”（Victoria Transportation Policy Institute，VTPI，2013）。因此，宜居性应当是一个主观或主体的概念，是每个人的自我感知或感觉。但是这也带来一个问题，即对于某些人觉得宜居的，其他人并不一定也觉得宜居。当然，宜居虽然基本依照个人主观的感觉，但还是有一些大多数人普遍认同或认知的宜居条件，例如合适的、支付得起的住房，可以满足需要的公共服务设施和基础设施，长期、稳定的就业机会，良好的医疗保障，受教育的机会等。因此，评估一个人类住区，包括城镇或乡村的宜居性，宜居性可以从客观和主观两方面来探讨。

这些年，随着我国经济的快速发展，人民生活水平的提升，规划和建设宜居城市也逐渐成为大多数城市发展的目标。无论是在各地政府的发展规划、报告，还是在规划文件中，宜居都成为重要的词汇之一。在“中国知网”上对“宜居城市”进行搜索，找到5540篇学术期刊文章，1212篇学位论文，5829篇报刊文章或新闻；若以“宜居”作为搜索词，则发现1.23万篇学术文章，1629篇学位论文，以及1.12万篇报刊文章或新闻。这些都说明了宜居成为热点政策目标，研究主题或媒体的话题。

然而宜居城市的规划和建设是为了谁？这是首先需要搞清楚的。宜居城市的规划和建设是为了生活和工作在这个城市的居民，从空间、环境、文化和艺术、教育和医疗等方面满足他们在生理和心理上的需求，应当以人民的满意为首要的目标。宜居城市的规划建设就是以人为中心，以人为本为宗旨。

既然明确了宜居城市的建设是为人民而建，城市是为了让人们的生活更美好。因此，以居民的满意为目标就应当是宜居城市研究的基础，当然这也吻合并体现了宜居性应当具有主观感受的特点。所以，在研究和本书的撰写过程中，除了对国内外的理论和实践开展研究，同时对政府城乡发展和建设政策，以及分析规划政策与措施，探讨宜居的客观条件之外，更强调了对市民的实际感受的调研，希望通过居民的主观感受与客观供给条件进行对比，能够找出其中的差距，并分析造成这些差距的原因。

本研究和这本书是以厦门为案例所进行的实证研究。选择厦门是因为无论在国内还是在国外有关机构的开展宜居城市评估中，厦门总是榜上有名，所以厦门被普遍认为是一座宜居的城市。因此，以厦门为案例开展研究我国宜居城市规划建设的实施路径，对于我国城市规划和建设具有参考和借鉴的意义。

当然这本书以及研究本身也存在一定的局限性。在对厦门的研究中，因为无法获得厦门的矢量图和具体的地理信息数据，所以空间图的表述完全基于网络上可以获取的公开数据和地图，并在此基础上进行绘制和分析。公共服务设施和公共空间分析和研究立足厦门本岛，这主要是基于以下两个方面的考虑：其一，厦门目前主要的公共服务集聚在岛内，对厦门本岛的研究和分析仍然具有典型性和代表性；其二，岛外数据获取的难度大。本次研究以及相关的调研工作主要发生在2016—2017年期间，所收集的数据和资料虽然有了一些年限，但不影响规划建设宜居城市的路径探讨。

根据《厦门市国民经济和社会“十三五”发展规划纲要》和《厦门市国民经济和社会“十四五”发展规划纲要》所确定的发展目标，到本世纪中叶之前，厦门将建成富强民主文明和谐美丽的社会主义现代化强市，因此研究中引入了国外发达国家宜居城市的数据和标准作为参照数据，作为探讨厦门在宜居、宜业方面需要进一步完善的路径和方向。需要指出的是，在对国际宜居城市的研究之后，可以明确一点，即由于国情不同，发展阶段不同、不同的国家、不同的机构对宜居城市的理解和评估不可能是一样的。也正是基于这点，在制定宜居城市指标时，既参考了国际发达国家的标准，也考虑和结合了我国的实际情况。基于实证研究而形成的这本书将寻找一条适合我国宜居城市规划和建设的路径，希望能够为党的十九大报告中所提出的“新时代我国社会主要矛盾是人民日益增长的美好生活需要和不平衡不充分的发展之间的矛盾”寻找一条路径。

这个研究得到厦门城市规划设计研究院的协助和支持，也得到苏州科技大学的帮助。参加这个项目研究，并为该研究成果的出版作出贡献的人员还包括：段问宇，姚瑞，潘靖，鲍文娇，王宏宇，代衍，王晶晶。

目录
CONTENTS

1 宜居城市的探讨

1.1 宜居城市的起源

2013年12月，中央城镇化工作会议在北京举行，会议提出城镇化应当以人为本，实现以人为核心的城镇化，提高城镇居民的生活质量；2015年12月，在中央城市工作会议上强调了统筹布局好生产、生活、生态三个空间，提高城市发展的宜居性，实现生产空间集约高效、生活空间宜居适度、生态空间山清水秀。

中国共产党第十九届全国代表大会报告指出“中国特色社会主义进入新时代，我国社会主要矛盾已经转化为人民日益增长的美好生活需要和不平衡不充分的发展之间的矛盾”。在党的十九大报告中提出了实现“两个一百年”的奋斗目标、实现中华民族伟大复兴的中国梦；提出应当以不断提高人民生活水平作为发展目标。根据发展目标，到2035年，我国将基本实现社会主义现代化；到2050年将建成富强民主文明和谐美丽的社会主义现代化强国。习近平总书记在党的十九大报告中还指出各项工作应当“坚持在发展中保障和改善民生……保证全体人民在共建共享发展中有更多获得感，不断促进人的全面发展、全体人民共同富裕。建设平安中国，加强和创新社会治理，维护社会和谐稳定，确保国家长治久安、人民安居乐业”。根据党的十九大报告的精神、中央城镇化工作会议和中央城市工作会议的要求，以及新时期中国特色的社会主义的发展目标，城市建设应当以现代化的宜居、宜业城市为重要目标。宜居性（livability）的提出是人类住区发展朝着以人为本的模式迈进，是人类的共同理想和追求，宜居性理念应始终贯穿城镇和乡村发展的各个领域。

在人类住区发展的历史长河中，对宜居性建设理论与实践的探索一直就是建设者和规划者们积极追求的目标。对此有学者认为从《易经》《道德经》到康有为的《大同书》，从《太阳城》《花园城市》到道萨迪亚斯的人类聚居学，人类从来没有停止过对理想宜居生活与住所的积极探索与追求（Huang等，1992）。

这是因为人类对于美好生活的不断追求是宜居、宜业发展的核心动力。人的需求简单说就是生存与发展。随着社会发展，人的生活水平和质量不断提高，人们不仅满足于吃饱穿暖，人类有了更高层次的需求，包括物质和精神两个方面。城市的产生和发展都与满足人的各种需求有着密切联系，所以人的不同需求决定和引导着城市的产生和发展，而城市的产生和发展也创造并满足了人对更高层次物质和精神层面的需求。因此，人的需求和城市发展之间是相互促进和影响的，且城市建设应该是以人为核心的，以人为本的理念决定了宜居城市的发展核心（刘亚文，2016）。

然而对宜居城市的理解和追求走过了曲折、渐进的道路。19世纪英国首先完成工业革命。在英国城市化进程的中后期，工业化和城市化延伸到欧洲与北美，世界各国的城市化进程开始不断加速。然而工业化伴随城市化导致环境恶化、种族隔离、邻里关系退化、道路交通堵塞加剧、社会经济剥夺、健康和福祉方面不平等各种城市问题出现（Van Kamp等，2003），为此人们开始反思城市发展的模式。初期对宜居城市的追求基本都是为了解决工业发展伴随的城市发展所出现的各种问题，希望能够建设一个具备舒适性、平等、有适宜的就业岗位、能支付得起住房和满足生存与发展所需要的城市。

如果根据文献的阅读，可以发现对宜居城市的解释和理解受到源于英格兰政治家、作家、哲学家与空想社会主义者——托马斯·莫尔于1516年撰写的《乌托邦》一书的影响。乌托邦所构想的理想社会群体和国家与城市都对现代城市的规划和建设产生过影响，是人类对追求完美的生活环境和品质的愿景描述。最早受到乌托邦理念的启发，将这种理想的乌托邦思想与城镇规划和建设联系起来的是埃比尼泽·霍华德（Ebenezer Howard）。为了解决英国原始资本主义制度下工业革命所带来的环境、经济和社会问题，埃比尼泽·霍华德在1898年出版的《明日：一条通向真正改革的和平道路》提出了田园城市理论。霍华德的田园城市提出在城镇的规划和建设中通过建成区与自然生态环境的融合，构建一个环境优美的住区；从区域的角度规划和实施城乡融合，将城镇和乡村各自的优点结合起来同时呈现给当地的居民，并为当地的居民提供无污染的就业机会，促进经济的发展；通过新型的社会治理，包括土地的集体所有制、居民共同参与治理等机制实现社会的公平。虽然当时并未提出“宜居”的概念，但田园城市理论和具体的实践无疑都是为了让人生活和工作在宜居、宜业的环境中，让人的生活更美好。虽然田园城市从英国开始，逐步推广到世界上其他的一些国家，例如美国、加拿大和澳大利亚等，但在现代主义发展模式影响下的工业化和城市化，仍然对人类住区的建成环境和自然生态环境产生着负面的影响。瑟特（Sert）（1942）曾在*Can Our City Survive*一书中警告人们城市环境遭受破坏的后果；20世纪60年代，卡森（Carson，1962）在其很具有影响力的著作《寂静的春天》（*Silent Spring*）以及梅朵斯（Meadows）等人在1972年出版的《增长的极限》（*The Limits toGrowths*）等研究中不断地警告人们，世界城市化、工业化引起的全球性的环境、社会和经济等问题将影响人类的生存和发展。同样，这些研究虽然并未直接探讨宜居的问题，但是这些研究所指出的影响人类生活和生存的问题日趋严重，使得宜居与人类渐行渐远。

与此同时，人口的不断增长也加重了城市负担，给城市的宜居性带来了挑战。例如人口的急剧增长给温哥华的城市发展带来结构上的转变，包括经济和工业的重新布局，空间结构及市场取向的变化等。快速的城市化和人口迅速的增长造成了各种各样的问题，例如城市建成区的扩张，汽车使用的增加，交通拥挤和空气污染，能源、水供应和基础设施需求的增长，生活和办公垃圾的增加，犯罪率上升等（和田喜彦，1995）。

面对工业化和城市化及其发展所带来的种种问题，人们开始呼吁建造适宜人类居住的城市，而宜居城市概念的提出，既是人类追寻祖先生活观的结果，也是反映人们对现状生活环境的不满，是人们追求美好生活的一种强烈愿望。

1.2 宜居城市理念的探讨

1.2.1 国际上宜居城市的相关探讨

宜居城市一直是人类追求的目标，但卡勒（Kaal）（2011）的研究认为宜居性作为一个具体的概念是1958年9月在比利时鲁汶召开的欧洲农村社会学学会第一届大会上提出的。进入20世纪，现代化的生活吸引了人们。西欧国家生活在农村地区的人们产生了“城市愿望”。他们倾向于将现代生活方式与城市生活等同起来，然而由于农村地区无法提供与城市公共服务和基础设施水平相匹配的条件，人们普遍认为农村宜居性低于城市宜居性。这促进了乡村居民向城市的迁移，反过来对人口持续下降的农村社区的宜居性产生了负面影响。这是宜居性概念出现在对乡村问题研究会议上的原因，但显然这与城市化有直接的关系。

但当进入20世纪六七十年代以后，"宜居性"作为一个重要的词汇逐步被广泛使用于城市的研究和政府的政策制定中，这个名词开始成为西方国家"城市语境的主导范畴"（Ley，1990）。

舒适性是宜居的必要条件，当宜居城市开始出现在西方学术界和政府主导的城市语境之后，学术研究开始更多地关注居民生活住区的舒适度。例如，1973年大卫L.史密斯（Dvaid L. Smith）在其著作《舒适性与城市规划》（*Amenity and Urban Planning*）中提出了一座城市的规划应当满足居民对舒适性的需要。人们对舒适性的追求与一座城市的宜居有着密切的联系。大卫L.史密斯认为舒适性的内涵可以从三个层面的内容得以体现：其一，解决公共卫生和污染问题等层面的宜居；其二，舒适和美好的生活环境所带来的宜居；其三，由历史建筑和优美的自然环境所产生的宜居。

影响城市和社区舒适性的要素是建成环境和自然环境，特别是被世界卫生组织定义为"健康的社会决定因素"，具体包括"人们出生、长大、生活、工作和进入老年的情况"等要素（WHO，2013）。良好的环境与宜居有着密切的联系，因为良好的环境不仅仅是可持续发展的必要条件，同时也为人类提供干净的水和清新的空气，而这些是健康和宜居性的基础（Newman，1999）。露莎和富兰克林（Rutha & Franklin，2014）同样强调了环境对于宜居城市的重要性。他们认为，宜居有两个需要同步的要素，其一，满足人类宜居所需的物质和服务，例如住房、能源、水和食物、废物管理和吸收、健康和公共安全、教育和娱乐、社会参与、经济贡献、创造力等；其二，城市的物质和生态系统，这些生态系统来源于城市及其周围的绿地和水体，它们不仅创造了休憩娱乐设施和经济价值，还发挥了气候调节、保证空气质量和防洪等重要的作用。他们还认为，一旦基本需求，如粮食、住房和安全得到满足后，人们将追求更高层次的需求和愿望。根据这个观点，显然人类对于宜居的追求是无止境的。

邻里社区是人们最直接感受到的生活空间。影响居民对邻里社区的舒适度评价有三大纬度。第一个纬度是邻里社区客观环境，包括社会经济地位、居住密度和物理空间环境，体现了城市居民对他们邻里特征的心理和行动空间的地图。第二个纬度是人与人之间的环境要素或人际环境，主要是指邻里的社会特征，包括邻里社区内居民社会联系的紧密程度、群体特征、居民受教育程度的高低、职业种类、经济收入水平等社会因素等。这个维度一方面强调隐私、安静和宽敞，另一方面强调邻里社区间的友好氛围。第三个纬度是知识，即熟悉度和便利度，表明了城市居民在他们的共同行动空间中共享的活动空间（或信息场）。研究表明，这三个不同纬度之间有着相互的关系（Johnston，1973）。

如果将影响人们居住和生活环境的因素进一步细化，可以通过六个因素进行评价，分别涉及：①与美学相关的因素，包括居住环境的整体外观、整洁程度、色彩、服务设施的配套程度、住宅的设计和宽敞程度；②与邻里相关的因素，包括邻里的友好程度、互助程度、居住区居民的自豪感、安全感或孤独感；③可达性及流动性，主要是指到高速公路的便捷程度；④与安全有关的因素，包括生命财产安全和周围社会治安状况；⑤与噪声有关的因素，包括居住区内部直接的环境噪声，也包括飞机、火车、工厂等居住区外部的噪声；⑥令人烦恼的事情，例如缺少私密性、上门推销人员的打扰等（Knox，1995）。

应当引起重视的是，宜居城市是以人为主体的城市。居民拥有健康的生活，能够采取步行、骑车、公共交通或自驾的方式很方便到达要去的任何地方。而且宜居城市是全民共享的城市，它应该安全、有吸引力，能够为老人和儿童提供绿地，方便他们的交流和玩耍（Hahlweg，1997）。提出宜居城市应当体现出居民对相关要素质量的满意度和幸福感（Newton，2012）。“宜居”城市显然还需要与人们适合的居住空间结合起来。露莎和富兰克林（2014）认为这个空间应当包含两个宜居要素——商品和服务，以及城市环境。

实际上判断一座城市是否宜居，一个简单的也很重要的标准是人们是否愿意选择到这座城市生活和/或工作，或是否有计划前往这座城市生活。而影响人们做出选择的因素是城市的基础设施、经济前景和社会稳定。所以凯瑟琳·摩根（Kathleen Morgan）和斯科特·摩根（Scott Morgan）2003年在其所发表的《2003年全美各州排行榜》一书中，从与居民日常生活密切相关的经济收入、气候、基础设施、社会安定、政府管理等方面来阐述了宜居城市的理论。他认为宜居城市就应该像美国明尼苏达州一样，这里的居民有着高就业率、收入稳定增长、婚姻状况良好、居民选举投票的参与率也很高；常年有着明媚的阳光；居民享受着低税率，犯罪率低，人口密度低，自杀率低，基础设施良好，等等。同样，《大温哥华地区长期规划》(GVRD，2002）中指出，宜居城市可以满足所有居民的生理、社会和心理方面的需求，同时有利于居民的自身发展，是令人愉悦而向往的城市，可以满足和反映居民在文化方面的高层次精神需求。

在宜居城市的规划和建设中，市民不仅是城市建设的受益者，他们的行为和互动对宜居城市的规划和建设成败和成效也同样有着巨大的影响，所以应该鼓励市民积极参与到宜居城市的规划设计和政策制定中。珍妮特·哈茨卡普（Janette Hartz-Karp，2005）建议运用一种“协商民主”的方式来鼓励市民参与到宜居城市建设中去，这种形式可以有效保证城市建设和管理是在一种公开、透明、诚信的环境中展开，这样市民在参与到城市发展的规划和实施中才会更有责任感和积极性。

有一些学者从目标、原则等角度阐述了他们认可的宜居城市模式。例如H. L.莱纳德（H. L. Lennard，1997）提出了宜居城市建设的基本原则应当包括：①在宜居城市中，市民能够感受到彼此的存在，可以自由的交流，而不是相互隔绝；②市民之间、市民与城市公共管理结构之间具备健全平等的对话机制是重要的；③城市公共管理机构应该经常举行各种活动、庆典和公众集会，每个市民都会以普通人的身份参与其中；④城市应该让每个市民拥有安全感，不应该有歧视异族、认为他们低人一等或是天生邪恶的观念；⑤城市应当具备经济、社会和文化等多方面的功能，是一个具有多种功能的有机体；⑥城市中的居民应该彼此认同、彼此尊重；⑦城市环境应具有美感，在城市建设中应考虑建筑美学和实体环境的深层次文化含义；⑧城市能够提供合适的公共设施作为市民社会学习的场所，对于儿童和青年而言，这些场所是他们生活不可缺少的组成部分，城市中的每一个成员都能相互学习、共同提高。

M.道格拉斯（M. Douglass，2002）则从经济、环境及社会的角度，建立了一个宜居性模型，主要由环境福祉、个人福祉和生活领域组成。环境福祉包括洁净和充足的空气、水、土等，以及废弃物的处理能力和环境正义等；个人福祉包括减少贫困，增加就业、教育与医疗设施等；生活领域主要是指城市生活中的社会性，强调城市中的社会空间，如绿地，或其他公共空间等，它反映城市居民对生活的满意度的主观评价。

面对全球快速的城市化以及日益严重的发展不可持续问题，联合国人居署为第二届世界人居大会（1996年人居Ⅱ）所颁布的《城市化的世界：人类住区报告》中，着重强调了城市化的建成环境应具有宜居性，提出“人人享有适当的住房”和“城市化进程中人类住区可持续发展”的理念（沈建国，于立等，1999）。这以后可持续发展理念成为宜居城市的核心概念之一。在第二届世界人居大会举办前后，已经有一些学者将可持续发展与宜居结合起来。例如，E.萨尔扎诺（E. Salzano，1997）从城市可持续发展的角度阐述了他对宜居城市的理解。他提出宜居城市是连接过去和未来的枢纽。宜居城市尊重历史的足迹，能够保护留存下来的场所、建筑和城市布局，同时它也尊重人们的后代。在宜居城市中，所有自然资源都能够得到充分的利用，以保证城市可持续发展，因此宜居城市也是可持续城市。宜居城市能够为城市社区及市民提供丰富的物质福利和社会福利，促进市民的不断发展。公共空间是宜居城市中社会生活的核心，它所形成的网络从市中心延绵至郊外住宅区——在这个网络中由道路将所有的活动场所和社会生活联系起来。

更为重要的是，城市的宜居性和城市的生态环境可持续性是联系在一起的。宜居代表着居民有良好的居住条件，能够在离居住地不远的工作地点就业，具有适当的收入以及为实现健康生活的公共设施和服务。但宜居的城市必须是生态可持续性的，它不能导致环境的退化，否则就会降低市民的生活质量。所以宜居城市必须将宜居性和环境的可持续性两者结合起来，在保护生态环境的前提下，实现所有市民的生存需求（Evans，2002）。

A.卡塞拉蒂（A. Casellati，1997）同样通过相关的研究指出，宜居城市的本质表现在两个方面——居民生活和生态的可持续性。在宜居城市生活，意味着每个人的工资足以支付住房的费用，居住地有各种有利于身心健康的设施和服务，健康、体面的生活必须是可持续的。如果解决居民工作和住所的方式是以逐渐使环境退化为代价，而且这种退化是不可挽回的话，那么居民的生活问题依旧没有解决。之后生态退化就会以牺牲生活质量来暂时获取生计，居民很快会面对用工资来换取绿色空间和可呼吸的空气的交易。所以，宜居城市必须将这两者结合起来，既为市民提供正常的、富裕的生活，又尽一切努力来保护环境质量。

当然还有学者从建筑和规划的角度讨论宜居城市的建设。例如蒂莫西.D.伯格（Timothy D. Berg，1999）认为，宜居城市的核心思想就是重新塑造城市环境；在城市形态上，要建设适合行人的道路和街区，恢复过去的城市肌理；在城市功能上，强调城市的工作、居住、零售等综合职能，增强城市的多样性，使其变得更适合一般市民居住。而A.帕莱杰（A.Palej，2000）则认为宜居城市的所有让人感到亲切、舒适的城市元素都能够被保存和更新，城市的街道、树木、建筑和人都能够形成和谐自然的联系。

2005年，国际城市可持续发展中心（the International Centre for Sustainable Cities）在《温哥华宜居城市工作小组报告》（*Vancouver Working Group Discussion Paper: the livable city*）中，将宜居城市比喻为"一个生命有机体"，并从城市管理、市民价值观、城市土地功能分布、自然资源的利用、通信和交通网络的建设等方面对宜居城市的相关目标和建设原则给出了详细定义（表1-1）。

宜居城市的有机生命体结构 **表1-1**

对宜居城市的比喻	城市要素	说明
宜居城市的大脑和神经系统	城市管理和公共参与机制	宜居城市鼓励所有公众积极参与各项城市建设活动，例如区域规划方案以及本土挑战应对方案的展望、规划、实施和监管工作。 宜居城市的规划监管能力类似于生命体中神经系统的功能。其主要作用是：1.监督和评价宜居城市建设目标的实施情况；2.鼓励城市建设的实验性尝试，检验新观点的有效性；3.吸取原有城市建设的经验和教训；4.时刻关注外界环境的动态变化，适时调整城市和区域发展战略；5.积极而迅速的应对外界的机遇和挑战
	监管机制	
	评价机制	
	城市自我学习系统	
宜居城市的心脏	市民基本价值观	宜居城市拥有反映其独特城市精神的公共空间或场所，其作用为：1.反映城市的基本价值观；2.加强居民的身份认同感；3.纪念城市历史；4.举行节日庆典活动；5.帮助儿童和青年迅速地融入当地社会
	市民的身份和地域认同感	
宜居城市的组成器官	完整的居住社区	一个宜居城市应该具备下列城市要素：1.多功能的社区和经济适用的住房，市民的购物、就业、休闲娱乐和交通都很方便；2.拥有公共空间并集中了大部分经济活动的城市中新区；3.工业组团（基础设施）；4.绿地系统和开放的公共空间（包括农业用地和公园）
	市中心的核心区域	
	绿地系统	
	工业组团（基础设施）	
宜居城市的循环系统	自然资源的输入和输出	宜居城市通过以下途径连接成为一个有机整体：1.维持其日常活动所需的物质流动用水、原料输入、排水管道和废弃物处理等；2.能量的输入和输出；3.绿色走廊可以在保证城市生态多样性的同时满足居民休闲需要；4.通信网络包括现代信息技术和各种通信手段；5.交通网络要重点照顾步行者利益，重视公共交通和物资的有效输送，符合步行化社区建设的需要
	绿色走廊	
	能量网络	
	通信网络	
	交通网络	

资料来源：作者自制

综上所述，西方国家的学者对于宜居城市的理解比较注重城市现有和未来居民生活质量的适宜居住性、可持续性和适应性。对城市宜居性的关注除了城市的居住环境外，对居民参与城市发展的决策能力也很重视，并认为这是城市宜居性的重要体现之一；对于城市发展的可持续性，追求的不仅是当前城市居民生活质量的高低，也重视城市的可持续发展潜力。但宜居城市的发展需要各方面的合作进行，特别是政府部门之间、政府与非营利组织之间，以及政府与公众之间的合作，西方国家学者对以政府为城市建设主体的多方位合作却论述不足。

受到“田园城市”理论的影响，西方国家宜居城市的研究很强调城市规划所能够发挥的重要作用。通过城市规划改善影响居住区的综合因素，达到提高居民生活的舒适性和生活质量的目标。城市规划的主要任务之一是解决反映在居住空间与环境之间的不和谐问题等城市的社会矛盾和问题，应当创造一个能满足居民需求的宜居环境（Le Corbusier，1947；Rapoport，1977；Lynch，1981）。

城市的宜居性对政府城市政策的制定发挥了重要的作用。各级政府一般会通过采用确定宜居性的目标和指标体系，通过政策的引导、推动并监控宜居性的实施和城市的发展与建设。在政策实施一段时间后提交评估报告，分析取得的成效和存在的问题。例如，荷兰住房、空间规划和环境部在2009年发表了一份“宜居性”的报告（VROM，2009），这份报告是在1998年、2002年、2006年、2008年对荷兰全国展开的宜居性调研的基础上完成的。通过调研了解1998—2008年这10年间，荷兰全国人民生活质量的变化情况。这份宜居性报告首次提供了有关荷兰所有居住区的生活质量数据，并通过对数据的分析了解了荷兰的生活质量及其未来的发展结构。报告试图回答的问题包括：荷兰的生活质量实际上如何？生活质量有问题的地区在全国范围内如何分布？生活质量问题是否正在恶化？发展的基础是什么？

不少西方国家的地方政府也采取了相同的方法。厦门的友好城市——英国卡迪夫在2015年和2017年都颁布了《卡迪夫宜居城市报告》（*Cardiff Council*，2015、2017）。《报告》首先介绍了卡迪夫宜居的具体目标和愿景，并就每一个目标和愿景的现状进行分析。卡迪夫宜居城市的愿景和预期成果有七项，包括：

卡迪夫的经济繁荣昌盛；

卡迪夫的人民很安全和感觉很安全；

卡迪夫的人民健康；

卡迪夫的人民有机会充分发挥各自的潜力；

卡迪夫的人民拥有一个干净、有吸引力和可持续的环境；

卡迪夫是一个公平、公正和包容的社会；

卡迪夫是一个生活、工作和娱乐的好地方。

为了实现宜居的愿景，卡迪夫政府还制定了宜居设计指南，用于引导新的开发建设能够确保卡迪夫成为欧洲最宜居的首都（府）。

但是国情不同，发展阶段不一样，宜居城市的建设也面临不同的挑战和问题。特别是在亚洲地区，因为人口庞大，工业化与城镇化所面临的问题与100多年前欧美国家的模式显然不可能完全一致，发展模式也不一样，因此宜居城市的建设面临的问题和方式也就会有区别。

20世纪70年代以来，亚洲城市化的进程更为迅速，到20世纪80年代，成为世界城市化最快的地区，由于亚洲人口占据世界人口的60%，预计到2030年整个亚洲的城市化将达到51%，这意味着亚洲将有10亿多的人口进入城镇。然而，21世纪的城市化与100年前在欧美国家发生的城镇化有很大的不同，面临多重新的挑战，城市的建设和发展要让人们在安全、繁荣、宜居、宜业的城市快乐地生活；但宜居还面临气候变化，粮食安全，如何减少碳排放，以及如何促进可持续发展等新的问题。而气候变化、碳排放在一定程度上是由于过去100多年欧美城市化发展的模式，特别是城市发展观所驱动的城市增长所导致的，因此宜居城市的建设不得不同时考虑减少碳足迹，提供清洁的空气和水，增加绿地，鼓励绿色出行，增加社区公共服务，提高职住的混合度（Me Gee，2010）。米格（Me Gee，2010）认为随着人类对这些问题认知的不断提高，城市政府将有能力从政策制定和城市治理方面着手，建设具备新理念的宜居城市。在这个方面新加坡进行了有意义的探索。特别是由于亚洲人口众多，大城市、超大城市已列居世界各大洲之首，如何在这样的环境条件下建设宜居城市是一个可以探索的方向。高密度、紧凑型的城市与人们对宜居城市的理解是有矛盾的，特别是目前国外评估排名在前的宜居城市多少都是密度相对较低或中等密度的城市。但是当城镇化在人口众多的亚洲发生时，如何将人口多、建设密度高的亚洲城市建设成为宜居城市，让生活更美化，就独显其重要性。新加坡就是一个高密度、紧凑型的宜居城市，这对于中国具有很重要的参考意义。

新加坡宜居城市研究中心与城市土地研究院提出了高密度城市宜居的10

条原则（Centre for Liveable Cities and Urban Land Institute，2013）。这10条原则试图为新加坡如何在不牺牲生活质量的前提下支持更多、更密集的人口提供一个宜居的城市。这10条原则包括：

原则1：为长期增长和更新而规划。这是因为一个高密度的城市必须有效地利用每一平方米的土地。这就向城市规划师提出了高要求，他们需要为市民提供一个不感到局促，不会因为高密度而觉得难以生存或感到压抑的空间。

原则2：多样性和包容性。一座多样性的城市必然是一座有趣的城市，也是有意义的生活与工作的场所。但是如何确保多样性不会使城市居民分裂将是城市政府和居民需要共同努力的；有必要通过更多的互动，始终注重创造一座城市的包容性。

原则3：拉近人与自然的距离。这一点与当年霍华德的"田园城市"理念是相同的，特别是在一座紧凑、高密度的城市，将自然融入城市有助于软化高密度的建成环境，为居民提供从繁忙的城市生活中获得喘息的空间。

1967年，新加坡总理李光耀提出将新加坡建设成为"花园城市"的设想，希望新加坡成为一个拥有丰富的绿色植物和清洁环境的城市。从此新加坡就一直以建设"花园城市"为目标，这些年提出了将新加坡建设成"花园中的城市"，这是一个新的目标。因此在城区的街区修建了许多公园或公共绿色空间；水系和水体贯穿整个城市。这些都构成了新加坡景观的重要组成部分。虽然新加坡的国土面仅50%被绿色植被所覆盖，但新加坡试图将绿色环境与建成环境有机融入，不仅体现了"花园中的城市"的特征，也有利于城市空气质量的提升。

原则4：建设混合的、可支付的社区。这与减少碳排放、应对气候变化有直接的联系，当然这也是紧凑城市的建设目标。在一个社区人们能够便利地通过步行抵达他们日常生活所需要的、基本的商品和服务供给点以及学校和娱乐区，这样就能够减少日常的交通出行；与此同时，这样的社区应当能够满足不同收入、不同族群、不同住房需求人群的不同选择。

新加坡在新镇开发的居民区，为居民们提供了各种便利设施，方便使用，而且价格合理；考虑了人口、土地利用、开放空间和基础设施的等级分布，提供了一个独特的、高密度、高宜居性的实践。

原则5：让公共空间发挥更大的作用。满足不同人群需要的公共空间供给是宜居城市必要的条件。如何有效发挥一些不寻常的或非常规的公共区域的作用，如铁路线下、运河旁、建筑物顶部和地下火车站附近的空间等，是规划师应考虑和解决的难点。有效发挥这些在一般情况下被认为是“死”的、“闲置”的空间是新加坡探索高密度城市宜居的一个重要的方法之一。通过对这些空间的有效利用增加了可用的土地，满足了居民们在高密度的城市对公共空间需求。

原则6：促进绿色交通和绿色建筑的优先方案。通过更环保的绿色交通和绿色建筑来更有效地利用资源，这是高密度城市宜居性的目标。新加坡通过实施节能公共交通、环境友好型汽车的绿色交通来减少污染和交通拥堵；通过绿色节能建筑减轻城市空调散热器带来的“热岛效应”。通过这些措施，新加坡全面降低了能源消耗和能源依赖，增强了城市的可持续性和宜居性。

原则7：通过多样化的变化和绿色边界的增加缓解密度。高密度的城市确实不容易给人以一种舒适性，因此有必要通过穿插高层和低层建筑，形成多样化的尺度，创造一个更具个性的天际线，减少人们对拥挤空间所导致的不良感觉。在居住区周围设置绿色边界，不仅可以让居民从混凝土结构中解脱出来，而且有助于创建不同的区域和规模更友好的社区。新加坡采用“棋盘式规划”，将高层建筑与低层建筑分开，以提供更宽敞的感觉。人口稠密的新镇被大片的绿地或空地隔开。

原则8：为了安全性，激活空间。宜居城市必然是一个安全的城市和让居民感到安全的城市，因此能够有安全感是享受高质量生活的一个重要因素。而人口稠密和建筑高度发达的城市难免被认为存在不安全的因素，因此有必要通过城市设计激活安全空间，让居民能够感受到安全感。新加坡一直致力于通过谨慎的城市设计和政府干预，使居民有更强烈的人身安全感。通过空间管理，例如保留空间上的“视觉通道”，使得社区的居民都能够成为“街道上的眼睛”，并参与维护社区的安全。

原则9：促进创新和采取非常规的解决方案。一座高密度的城市由于人口和建筑的密集，要解决好土地和资源的限制，建设一座宜居的城市显然无法按常规的思路和路径解决问题，因此有必要寻找非传统的解决方案，依靠创新的方法或技术来缓解制约条件，建设宜居城市。

多年来，由于传统的解决方案无法发挥作用，新加坡一直依靠创新理念来缓解资源紧张。在此过程中，新加坡也成为创新城市解决方案的领导者，并在某些方面成为测试资源节约型技术的活实验室。

原则10：建立居民、市场和政府（3P）的伙伴关系。考虑不同利益方的需求，采取不同的方式有效开发土地是政府的主要工作和任务。特别是在高密度的城市，土地之间的距离很近，一个地块的开发必然影响其周边的发展。因此，政府和所有利益相关者应当采取合作的方式，避免对其他方产生不利的影响，特别是对其他人的生活质量产生负面的影响。因为一座宜居的城市应当是让所有人都感受到舒适的城市。

根据文献和理论的讨论，可以意识到不同的国家由于发展阶段的不同，生活条件的不同，人们追求舒适性的标准显然也就不一样，对宜居城市也有不同的标准和解决的方法；更何况宜居是以人的主观感受为考虑因素，不同的人对宜居也有不同的理解，所以宜居城市是一个极其概括而又内涵丰富的概念。即使在学术理论研究方面，不同的学者也有不同的认知，所以目前学术界对宜居城市并没有统一的定义，现阶段的定义大多是基于自然环境、城市形态和居民生活等角度。另外，也有一些学者对宜居城市持有批评的观点，认为宜居城市代表精英阶层的利益（McCann，2004）。

1.2.2 国内对宜居城市相关的探讨

历史上中国人就一直在追求宜居的环境。因此中国古诗词中多有对宜居环境的描写，例如杜甫的“迟日江山丽，春风花草香。泥融飞燕子，沙暖睡鸳鸯”，以及陶渊明的“采菊东篱下，悠然见南山”，都表达了优美、休闲的田园生活景象。他们所向往的诗境生活犹如陶渊明在“归园田居”组诗第一首中所提到的“方宅十余亩，草屋八九间。榆柳荫后檐，桃李罗堂前。暧暧远人村，依依墟里烟。狗吠深巷中，鸡鸣桑树颠。户庭无尘杂，虚室有余闲”。根据刘沛林（2016）的研究，中国传统村落、城市和古典园林的建造都能体现诗性，可以用“诗意栖居”进行解释。诗性表现了中国古人对具有“宜居”特征的精神居所和理想家园的情怀和向往。这种追求使中国传统的人居环境思想高于现实，更重视达到心灵与自然的静默和融合，也因此成为中国优秀传统文化的重要组成部分。所以中国传统城乡聚落表现出鲜明的、具有诗意主题的栖居之境，体现了中国人追求“天人合一”，以及追求自然天性、物我两忘的理想境界。这就是中国古人心目中的“宜居”。

现代关于“宜居”的研究源于20世纪90年代对居住环境评价的研究。吴良镛先生（2001）是我国最早进行人居环境的理论和实证研究的学者，其出版的《人居环境科学导论》成为人居环境研究的代表著作。他提出了采用分系统、分层次的研究方法，从社会、经济、生态、文化艺术、技术等方面综合地考察人类的居住环境，由此创建了立足于中国实际的人居环境科学理论体系的基本框架。在此背景下，国内的学者们开始在城市规划与建设中关注以人为本的人居环境规划与建设。

目前国内学者对宜居城市的研究主要集中在四个方面。第一，有关宜居城市定义和内涵的探讨和解释，这个方面的研究占了主要的方面；第二，对城市宜居度和宜居性的分析，也包括开展宜居城市和社区评估及相关宜居城市指标的研究；第三，针对具体城市做实证研究，探讨宜居城市的建设；第四，从不同的专业角度探讨城市的宜居或宜居城市的规划建设，这些专业和角度的思考包括城市规划和设计、政府的功能、城市交通、环境和文化等。

我国研究者同样认为宜居城市在我国的兴起是由于城市化进程使得城市快速拓展、经济快速增长，城市出现拥挤、堵塞、污染等各种问题，同时人们对于生活质量和生活环境的要求也在提高，所以对于宜居城市的关注也因此产生（王璐，2018）。

我国对于宜居城市的定义和理解，与国外基本没有太多的差别。任致远（2015）提出宜居是城市发展的内在基本。他将宜居城市总结归纳为“易居、逸居、康居、安居”，即满足人们“有其居、居得起、居得好和居得久”。要实现这个目标，宜居城市的基本条件应当包括充足的就业岗位、和谐的社会、优美的环境、个性的文化和完善的基础设施。他还强调宜居城市的空间资源和环境资源应当是全社会的，应当实现社会的平等权益。另外，在新时期的新形势下，宜居城市的发展和建设要有新的思路。因此建设宜居城市需要与中华民族的复兴结合起来，中华民族的复兴应当成为宜居城市建设和发展的动力与基本要求。随着国家推动“生态文明”建设，宜居城市应当解决好环境问题，在城市内能够听见鸟语、闻得花香。为了解决环境保护与经济发展的矛盾，宜居城市应当采取绿色发展的模式，以绿色经济增加生产、积累财富；宜居城市还应当有自己的文化，能够体现自身的特色，显示民族精神（任致远，2021）。这些观点与其他研究者提出的观点——“宜居”不仅是舒适、优美、整洁的居住条件和自然生态环境，还需要有良好的、安全便利的人文社会环境，包括良好的社会道德风尚，健全的社会秩序等，不谋而合（顾文选和罗亚蒙，2006；张文忠，2016；何永，2005）。张文忠（2016）将这些理念概括为“可持续发展、以人为本、人与自然和谐、尊重城市历史和文化、重视创新与包容”五个基本理念；宜居城市的建设应当涉及宜人的生态和环境、高标准的城市安全环境、方便的公共服务环境、和谐的城市社会环境和可持续的城市经济环境五大体系。

一些学者设法从居民需求的角度提出对宜居城市内涵的理解和目标。田银生和陶伟（2000）对城市环境的“宜人性”创造进行了研究，提出了创造城市环境“宜人性”的对策与目标。首先，应合理调配城市空间的功能，充分保证人的各种愿望与目的的顺利实现，高效率支持人的各种行为活动，支持个性化与多样化的平衡发展。其次，人工元素与自然元素要有机结合，创造良好的城市生态环境，满足人的生理舒适要求。再次，在人与历史、人与地域特色文化和人与邻里之间达成广泛而紧密的联系，形成良好的文化生态环境来满足人的情感需求。最后，需要照顾到老人、儿童、残疾人、外来陌生人等特殊人群的需求。

舒适度也是我国研究者分析和考虑宜居城市的角度。舒从全（2000）在对三峡库区城市建设的研究中提出了“舒适城市”的概念，并阐述了舒适城市的特征和舒适度衡量标准，他认为一个舒适城市要有健康的经济结构、合理的空间模式、宜人的生活环境。何永（2005）认为，宜居城市是指适宜人居住的城市，而适宜人住的环境包括自然的生态环境，也包括一定的社会人文环境。城市只有同时具备这两个环境才真正可以被称为宜居城市。另外宜居城市要有充分的就业机会，舒适的居住环境，以人为本，可持续发展；具备良好的人文社会环境和健全的法制。

在宜居城市的理论构建方面，有学者提出可持续发展理论、人居环境理论、生态城市理论、田园城市理论以及感知城市意象等是构成宜居城市的理论基础（李业锦、张文忠等，2008）。这些理论是必要的，但可以从更广的角度思考宜居城市理论的基础，例如宜居城市应当满足人民对美好生活的追求，而人的需要是不同的，也是发展的，因此还应当考虑“马斯洛的需求层次理论”（Maslow’s hierarchy of needs）等，当然这仅是一个例子。

不用的专业也各自从不一样的角度分析和探索宜居城市的发展。例如宜居城市与城市规划和设计有紧密的关系，一座宜居的城市需要通过良好的规划和设计才能实现合理的空间布局，良好的公共服务设施配给，舒适的居住，适宜的通达性和美好的环境。因此与宜居城市相关的城市规划和设计研究是国内宜居城市的重要组成部分。

有研究认为，从城市规划的角度思考宜居城市的发展，应当将重点放在城市功能和空间布局的合理性；提升环境，使生态良好、景观优美；通过城市基础设施和公共服务设施体系的完善，为居民提供更好的服务；通过城乡一体化发展，实现城乡间的协调与交融；规划和建设必须彰显城市特色和悠久的传统历史文化；以人为中心，为居民提供生活、工作和休闲方面便捷、舒适、充满活力的城市；实现政治、经济、文化等社会环境文明的进步和繁荣；所以规划宜居城市的重点是资源承载度、环境优美度及生活便宜度三个方面（吕传廷等，2010）。吕传廷等人（2010）的研究通过与国外城市的对比，分析了广州将宜居城市作为发展目标存在的一定差距，具体包括：(1) 宜业性虽然有所提高，但仍缺乏吸引发展转型所需的中高端人才的平台，产业集聚效应和规模效应不明显；(2) 居住条件尚达不到令人满意的标准，主要原因是人均密度较大；(3) 生态景观破碎化趋势日益严重，环境质量还需改善；(4) 公建配套设施未能满足宜居标准。

刘垚等人（2012）以肇庆市开展实证研究，强调了宜居城市需要人工环境与自然环境相得益彰，认为宜居城市有四个核心要素：高质量的开敞空间，良好的居住环境，尺度适宜交通便利，城市文化延续与历史保护。在借鉴美国的形态区划的基础上，从整体风貌控制和居住建筑空间形态控制两个方面为肇庆建设宜居城市提出了规划控制路径。

这几年随着我国东部地区城镇化进入新的阶段，不少大城市和特大城市已经进入存量发展时代，城市更新改造成为规划和建设的重要机遇。作为我国规划许可和建设管理的法定依据，控规有助老城区完善功能、提升公共空间的塑造、彰显特色、激发活力。宋金萍和王承华（2017）从控规视角出发，探讨了城市宜居品质提升的路径和策略。他们提出控规以宜居品质提升目标，可以采取“问题导向，特色导向，治理导向”的方式，“以微更新的模式因地制宜地解决实际问题，以低冲击的方式保护文化并提升城市特色与内涵，以共治理、细管控的途径达成共识以保障高品质建设，实现老城产业、空间、文化和环境综合发展的目标”。

公共空间对于宜居城市建设至关重要，因此其规划和建设也引起学者的关注。武汉市一直致力于宜居城市的建设，并将建设宜居城市的目标明确写入武汉市五年经济社会发展规划和党代会报告中，罗巧灵等人（2012）分析了武汉城市公共空间分布不均衡、等级分布不均衡和中小型公共空间缺乏等问题。文章提出武汉宜居城市建设应当引入私人资本投资公共空间规划建设的思路，认为私有公共空间建设可以成为宜居城市建设的重要途径，因此应当考虑将私有公共空间的概念引入我国的公共空间规划建设体系中，特别是中小型、服务于社区的公共空间，建议主要以私人投资开发为主。这个意见有待商榷，西方国家之所以引入某些鼓励和刺激机制引导私有空间提供公共服务是因为资本主义的国家的土地不少是私有的，这是为了解决公共空间的不足所采取的措施。至于公共空间的适宜供给和避免公共空间的半私有使用，则需要通过有效的治理实现其目标。

还有学者从人与生态环境的角度阐述宜居思想，认为城市人居理想的核心内容就是安全、天人合一、宜人性、平等和文化性，且要实现宜居城市就要处理好人与自然、人与人这两对矛盾关系（邓清华、马雪莲，2002）；宜居城市的建设需要遵循自然生态系统规律，考虑城市经济发展水平以及安全保障条件和生态环境水平（周志田等，2004）。

国内学者也有从政府的角度对宜居城市建设进行探讨。例如，柴清玉（2008）提出，政府在宜居城市建设中普遍热衷于创造就业机会、改善城市规划、建设文化设施、增加城市绿化等的城市硬件建设，这些事是必要的，但却存在对城市管理体系这样的软件建设关注较少的问题。有的城市政府虽然也注意改善城市管理体系，例如创建服务政府、责任政府、效能政府等，但没有进一步关注城市的整体精神状态等更加深层次的问题。宜居城市的建设与发展需要城市政府合理定位自己的职能，政府应当通过规划和治理，完善城市设施，提升城市功能，提高市民的满意度和幸福度（杨菁，2008）。当然宜居城市建设不仅是一个城市设施建设的问题，还是一个如何协调兼顾不同群体利益和需求的公共政策制定的问题（叶立梅，2009）。

对文献研究发现，目前我国在实际城市宜居方面的研究不少，但是研究深度不足，特别是缺乏对一座城市的宜居度和宜居问题不足的原因进行全面的梳理；对宜居城市的探讨论述较多，但对宜居城市的建设方法研究较少；特别突出的是，对居民需求和感受的关注程度仍不足。而宜居城市是以人为本，以人民对美好生活的追求为目标的，因此对宜居城市的研究应当重视居民的感受，即宜居的主观感受。在这个基础上提出规划和发展的策略，才更有针对性和实用性。

1.3 宜居城市的实践与评估

宜居城市建设实践最早出现于经济发达的西方国家，伴随资本主义经济发展以及世界范围内大规模的城市化浪潮，为了更好地解决工业化给城市居住空间带来的种种不良问题，建设功能完整、社会经济良好、自然环境美好的城市成为主要目标，从而推动宜居城市不断发展（王琳，2007）。

在城市政策的实践方面，2001年的《巴黎城市化的地方规划》提出将城市生活质量作为巴黎规划和建设一个重要的内容，确保城市功能的多样性和居民的社会融合，在发展经济的同时，保护社会文化和环境（姜煜华等，2009）。2003年的《大温哥华地区长期规划》(GVRD，2002）将宜居城市作为一个重要的发展目标，并指出宜居城市是一个能够满足所有居民的生理、社会和心理方面的需求，同时有利于居民自身发展的城市系统，其适宜合理的城市空间是市民精神文化财富的重要来源。2004年的《伦敦规划》中（*Greater London Authority*，2004)，将宜居城市作为一个核心内容加以论述，提出了建设宜人的城市、繁荣的城市、公平的城市、可达的城市和绿色的城市的发展目标。同样是在2004年，北京市规划委在《北京城市总体规划（2004—2020年）》中正式将宜居城市作为北京未来发展的目标之一，作为宜居城市的北京是一个能够提供充分的就业机会，舒适的居住环境，创建以人为本、可持续发展的首善之区。在2015年12月20日召开的中央城市工作会议上，把“宜居城市”和“城市的宜居性”提到了前所未有的战略高度加以论述，明确指出要“提高城市发展宜居性”，并把“建设和谐宜居城市”作为城市发展的主要目标（张文忠，2016）。

在社会实践方面，社会上关于“城市宜居程度”的调查与评估也在不断进行。目前国内、外有众多机构针对城市宜居性进行评价排名。不同机构的排名目的不同，其排名的指标选取、权重赋予也因此相异，最终造成各评价体系的排名结果出现较大差异。通过对这些评估宜居城市的标准和指标分析，可以帮助我们描述出一个复杂系统的经济、社会和物质空间状况。这些标准和指标可以大致分为两类：客观指标和主观指标（Lowe等，2015）。客观指标占主要部分，可以让使用者理解起来清晰、简单，有说服力；主观指标，如安全感、幸福度等，也是宜居城市不可忽略的重要部分。其中的差别源于城市是为了谁而建。宜居城市评价体系分类可以划分为三大类，包括：

1）咨询公司类：经济学人智库（EIU）全球城市宜居性评价，美世（Mercer）全球宜居城市排名，*Monocle*宜居城市等。该类评价的主要目的是为跨国公司员工的出差补助和外派补助金额提供参考。经济学人智库的年度宜居城市报告是在其先前“居住困难度”的调查方法基础上进一步完善后展开的，其评价指标分为健康与安全、文化与环境、基础设施三个大类，通过类别权重来计算生活能力，再平均划分相关的子项类别，以确保分数涵盖尽可能多的指标。指标被分为“可接受的”“可容忍的”“不舒适的”“不能容忍的”。通过权重的加权形成一个评级，其中100分代表最宜居的分数，1则表示“不能容忍的”（The Economist Intelligence Unit，2016）。《单片眼镜》（*Monocle*）是世界著名杂志，自2007年以来每年都会发布宜居城市排名。根据“2015年度*Monocle*生活质量调查”，他们提出了四项新的标准来评估宜居性，即国际航空公司的数量，骑自行车通勤的人数，午餐的平均花费以及城市内的公共图书馆的数量。与EIU的排名相比，加入了这些特定指数的排名变得完全不同（Monocle，2016）。另外，美国财富杂志*Money*每年举行一次“美国年度最宜居城市评选”，评价基础来自于对城市居民的财务状况、住房情况、受教育水平调查，评价指标很大程度上依赖于居民对城市的主观评价（帕金斯，2003）。

2）国际组织类：国际标准化组织（ISO）城市可持续性指数，经济合作开发组织（OECD）宜居城市指数，宜居城市研究中心（CLC）宜居性指数等。该类评价的主要目的是为地方政府提供城市竞争力提升的解决方案。

3）研究机构或高校类：中国科学院宜居城市报告，中国城市科学研究会宜居城市科学评价体系等。该类评价的主要目的是从理论研究的角度出发，对城市建设提出建议。

1.4 结语

通过对国内外学者的研究可知，对宜居城市的理解已经从仅仅认为是考虑一个城市居民的生活质量和所居住城市独有的特征，扩展到了将宜居城市与社会、经济和环境可持续的发展结合起来；宜居城市强调人与人、人与自然的和谐共生，要建设人文环境与自然环境协调，经济持续繁荣，社会和谐稳定，文化氛围浓郁，人工环境优美，治安环境良好，设施舒适齐备；一个宜居的城市必然是一个有较高的生活质量，能体现城市的本土和文化特色，有归属感的城市；其发展目标必然是一个能够满足其居民的经济、社会和文化的需要，能够使城市居民感到安全、幸福和健康，能够与自然生态环境相融入的城市。与此同时，宜居城市必然还是一个宜业的城市。居民的福祉和城市的发展需要有适宜的经济基础。宜居城市的经济增长依赖于吸纳更多富有知识，有创造力，有企业精神的人才，这是宜居城市保持其活力和竞争力的前提条件。所以宜居城市的建设是一个综合性的目标，需要市民之间、市民与政府之间、政府与社会组织之间的多方位合作、多角度共同推进。

通过对宜居城市的学术文献，不同国家和城市的宜居城市发展战略，以及各类机构对宜居城市的评估等方面的研究和分析，我们遴选了城市宜居性的影响因素，包括文化的宜居性、空间的宜居性、经济的宜居性和生态的宜居性（图1-1）。这四个方面影响了人的心理和生理需求。如果要提升整个城市的宜居性，就需要整体改善和提升这四个部分的状况，才能为居民提供良好的生活条件。

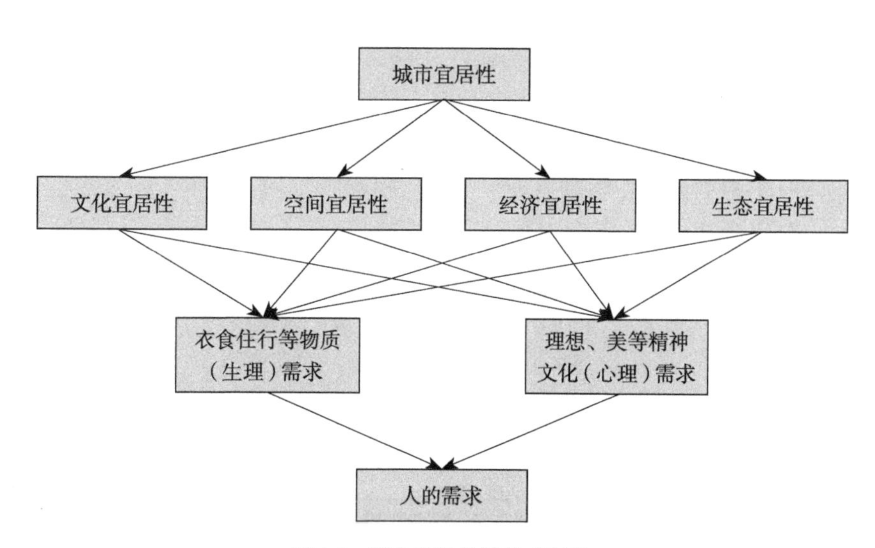

图1-1　城市宜居性的构成要素

资料来源：作者自绘

2 宜居城市的文化

2.1 宜居城市与城市历史和传统民俗文化

刘易斯·芒福德（Lewis Mumford）（1970）曾经说过，城市是文化的容器，城市与文化有着非常紧密的关系。城市发展是物质环境建设和文化积累的过程，结合了各种有形及无形的要素。早在1898年，埃比尼泽·霍华德（Ebenezer Howard）在《明日·通往改革的和平之路》一书中就提出，“城市是父母、兄弟姐妹及人与人彼此交流与合作的地方，其中包含了科学、艺术、文化和宗教的混杂”。在具体实践中，2001年《巴黎城市化的地方规划》强调城市的发展不应当仅仅考虑经济发展目标，需要同时制定社会、文化和环境保护的目标。2003年《大温哥华区域远期规划》将宜居城市定为发展目标，提出宜居城市应当是一个能够满足所有居民的生理、社会和心理方面需求的城市。

宜居城市需要强调文化的功能，有几个主要因素。首先，宜居城市不仅要具有良好的物质空间形态和生态环境，更重要的是需要满足居民心理和生理需求，对精神文化层次的高品质追求有利于居民自身发展。其次，一个宜居的城市必然是一个对其传统文化和历史进行保护的城市。历史建筑及其环境是一个城市的传统与文脉的集中体现，是城市文化的重要承载者，是居民情感的寄托，形成一种对故乡的记忆和归属感是城市不可再生的历史性空间资源；同时，历史建筑与环境也是充满历史底蕴的人居环境。合理地保护利用历史建筑与环境不仅能够满足宜居城市建设的文化要求，还能够开展旅游业，使其成为具有经济和文化价值的资源，促进城市的经济发展，提升居民的收入，维系区域社会关系的和谐，促进宜居城市的全面健康发展。历史建筑和环境是城市文化的物质形态表述和记忆；本地的传统文化，文化习俗和民风、民俗则是非物质形态的记忆；而记忆是城市的灵魂。人们对一个地区，例如，一座城市、一个乡村所具有的“人—地情感连结”（People-Place Emotional Bond）主要源于对这个地区所特有的物质形态和非物质形态的记忆。“人—地情感连结”构成了“地方认同”（Place Identity）和“地方依赖”（Place

Dependence）的基础（王洋、于立，2019b）。不同的城市所形成的不同文化对城市居民的生长产生重要的影响。生活在一座有着浓厚文化底蕴城市的居民都会与自己生活城市的某一部分形成长久、亲密的联系。这不仅促成了人们对生活环境空间要素及其组织结构的认知，而且影响着人们生活的速度和节奏。文化将其影响或控制的社会和经济生活及其发生的地理空间转变为一种空间、时间、功能和“意义”的聚合（王洋、于立，2019a）。这也是使一个地区，例如城市和乡村，有区别于其他地区的因素。再次，宜居城市与历史和传统有着不可分割的联系。正如萨尔扎诺（Salzano，1997）所指出的，宜居城市应与历史和未来相关联，既尊重历史的痕迹，也尊重我们的后代。

2.2 厦门的历史建筑资源

厦门是闽南地区重要的侨乡之一，闽南文化是在晋唐年间由中原文化传入的基础上，融合原住民的本土文化而产生的文化。闽南文化融入了三种文化并在此基础上进行孕育和发展：一是原住民的古越族文化，或称闽越文化；二是来自中国中原地区的传统文化，即由于战乱，北方汉族迁入闽南地区，带来当时先进的文化和技术；三是来自海外的文化，海外文化主要包括宋、元时代阿拉伯等外国商人带来的阿拉伯文化，以及广大华侨从海外带来的南洋文化和西方文化。厦门地处沿海，港湾众多，早在南朝时期就和海外有着经济和贸易的往来。鸦片战争之后，厦门成为当时清政府在全国设立的五个通商口岸之一，西方文化随之蜂拥而至。

具有地域特色的建筑形式是当地文化和历史的浓缩，文化的更新发展促使了新建筑形式的产生，而新建筑又会反过来影响文化的发展。厦门的近代建筑更是受到了闽南地区多元文化交融的影响，形成了独特的文化内核。开放性、兼容性、创新性是近代厦门建筑主要文化内涵的三个表现。开放性是指近代厦门以开放包容姿态为基础，大量吸收外来的建筑文化；兼容性即是采取兼容并蓄的方式将外来建筑与传统建筑文化结合，创造出大量优秀的地域建筑；创新性则引领着厦门近代建筑文化的不断发展转型。

厦门市历史风貌建筑类型概括起来有以下四种：

（1）受到闽南传统文化影响发展而来的闽南民居建筑，主要有府第式、大厝式、洋楼式三种类型。最具特色的红砖大厝在总体布局上采用中国传统的中轴线布局，使得主次分明。在构图和布局上体现中国传统礼治，建筑形态和装饰上讲究与环境、风水的结合，装饰精美，运用木材、红砖和花岗岩等当地建材；

（2）由政府统一规划建设和市民自发建设相结合发展形成的厦门市老城区，表现出良好的整体性，形成了具有宜人街道尺度的独特城市空间、商业与居住结合的骑楼建筑。骑楼多是2～3层，上宅下店，以西方建筑形态与装饰手法为主。骑楼能够遮风避雨，是街道空间与商业空间之间良好的过渡空间，整个老城区充满着闽南人温馨和谐、相互体贴、急公好义、宽容悲悯的情怀；

（3）风格各异的“万国建筑博物馆”——鼓浪屿建筑群，其建筑形态多体现了人、建筑、自然环境三者的有机结合，色彩上多为红瓦坡顶，砖石砌筑，与周围环境和谐统一。建筑形态则以西洋建筑风格、建筑元素为主导，体现了多元融合的思想；

（4）以学校建筑为代表的“嘉庚风格”建筑，体现出一种独特“中西合璧、多元综合、矛盾共存”的风格。“嘉庚风格”建筑既受到中国传统的风水影响，又受到南洋和西方的开放性文化的启发，且尊重与结合当地建筑材料和气候特点，最终得以创新。

2.3 宜居与厦门历史建筑及其环境的保护

2.3.1 历史建筑及其环境与文化的宜居性

厦门历史建筑风格多样，风格各异的建筑交相辉映，形成厦门特有的城市景观，为人们留下了宝贵的历史建筑文化遗产。历史建筑同样也是厦门城市发展的记录者，向人们展示了厦门城市发展的过程，是珍贵的建筑艺术宝库，蕴含着丰富的历史文化、人文和经济资源，提升了整个厦门城市文化的水平。厦门历史建筑的合理保护利用亦促进了厦门历史文脉与现代城市发展之间的互动，为本地居民和外来游客带来了丰富宜人的城市文化生活，这是厦门文化宜居发展的优秀动力。同时，增强本地居民与外地游客对厦门传统文化的认同感也是延续城市文脉，宣传闽南文化的一个途径。

文化宜居是宜居城市建设的重要组成部分，意味着城市不仅要为居民提供舒适宜人的物质生活，还应给人们带来丰富的精神文化生活。中国规划协会副理事长任致远研究员（2005）曾说道：“一个缺乏文化品位的城市是留不住人心的空间躯壳，绝不可能成为宜居的城市。”此外，在当前社会人们物质上的需求能够得到较好满足的情况下，城市居民对精神文化资源的需求显得尤为迫切和渴望。所以宜居城市的建设应当是受到了包括精神文化资源元素在内的社会、经济、文化和生态元素共同构成的整合系统影响。

厦门有一部分历史建筑通过改造成博览文化功能建筑（博物馆、纪念馆等）进行保护利用，人们通过展品和建筑空间可以充分感受到历史建筑的文化底蕴，为本地居民和外来游客提供了一个了解和学习地域文化与历史知识的平台，进而提升个人文化素养。例如厦门鹭江街区便在“美丽厦门，共同缔造”理念的指导下，把大元路的老剧场旧址改建成为“老剧场文化公园”，不定期地开展各式各样宣传闽南文化的活动，比如讲古场和闽南语教学。每周六还会开展“旧物早市”的活动，针对具有“老厦门”记忆的物品或文化形式进行宣传，把宝贵的非物质文化遗产不断传递下去，使得越来越多的市民和游客意识到保护历史建筑以及闽南文化的重要性，是保护历史建筑的可持续发展举措。厦门鼓浪屿岛上的延平戏院在改造后变成了展示历史回忆的地方，换上了新的设备来播放20世纪七八十年代的热门电影，透过影像将人们带回了当年。傍身于菜市场的延平戏院，是当时鼓浪屿人休闲娱乐的常去之处，成为抹不去的时代印记和光影绚烂的情怀。近年来鼓浪屿岛着力打造“音乐之岛”文化品牌，2015年以“音乐让鼓浪屿人回家”为主题，举办鼓浪屿春季以色列音乐周、夏季中国台湾音乐周、秋季匈牙利音乐周和冬季意大利音乐周等大型活动；持续举办鼓浪屿音乐厅中外名曲天天演活动，全年演出232场，全面打造“音乐之岛”的文化品牌。同时与中国华录集团签订合作框架协议，完成中国唱片博物馆设计布展方案，推动中国金唱片奖、中国唱片库、中国（国际）音乐文化博览会等项目资源在鼓浪屿落地。

2.3.2 历史建筑及其环境与社会的宜居性

历史建筑是历史文化与现代生活的组合。特定的建筑环境也促进居民之间的社交活动和沟通。张文忠认为，宜居城市所需要满足的一个基本条件就是建立良好的邻里关系和和谐的社区文化，具有特色的城市历史和文化应该在城市中展现出来。此外，原有的邻里环境形成了完整的城市肌理和社会结构，生活方式和居民关系得以保留。这样和谐的社会关系也会在整个城市中传播，有助于改善其他社区的邻里关系，以及影响当地居民和游客之间的交往，促进宜居城市多样化的社会关系建立。历史建筑是厦门城市文化的传承者，其独特的造型和风貌，以及历史沧桑感有着集聚人群的作用，能够为居民创造互相交流的机会，加强街区内人们相互之间的联系。保护更新后的历史建筑和街区也会注入新的商业活力，带动一方地区的经济发展；增加的商业或文化等新业态也会为社区居民提供新的就业机会，可以有效地化解可能出现的社会不稳定因素，对社会的和谐发展有着极大的促进作用。

影响社区文化和邻里环境的另一个重要因素取决于人们对于历史建筑、街区及其环境"归属感"的强烈程度。"归属感"是人对环境感知的表达，其作用在于潜移默化地影响个人思想、社会意识和历史空间观念，它也表现了社会环境的价值和意义，是居民与社会环境之间情感的联系。归属感的生成是建立在主体与客体环境交往和居民与街区环境的认识和了解基础之上。环境的特性对于居民的需求有特殊的象征意义，由此促进了居民对于街区环境的依赖感和归属感。归属感的深度表达了居民对于居住地的认同感的强度，着眼于人与空间的深层次联系的归属感是影响社区能否具有持续发展活力的重要因素。居民通过独有的生活体验与感知过程从而产生对社区的特殊情感即归属感，这是人与环境的情感互动，也是不同社区居民产生不同归属感的塑造过程。另外，游客和厦门市的情感联系是影响游客旅游感知的重要因素，归属感加强了游客再次前往厦门的旅游意愿，是保持城市旅游业健康发展的重要指标。

2.3.3 历史建筑及其环境与经济的宜居性

经济的宜居性主要为了实现城市经济的可持续发展，可以赋予极具地域文化特色的历史建筑以新的价值和功能实现更加有效的保护。而购物行为是人们正常生活中的一个的重要组成部分，因此发展以厦门当地文化和历史建筑的购物、饮食、休闲的空间再利用模式，是将文化资源转化为经济资本的一种方式，并将持续性地刺激区域经济发展。

厦门作为全国著名的优秀旅游城市，其第三产业的发展一直处于全国前列，且旅游产业在全市GDP中所占的比重逐年增加。作为中国对外重要的文化交流窗口，“十四五”期间，厦门市旅游产业依然存在无限商机，依然拥有不错的发展态势。厦门市现今开发利用为商业功能的历史建筑主要集中在鼓浪屿历史文化风景区和中山路步行街。街区商业功能的植入使得历史风貌建筑重新焕发了活力，无论是充满万国风情的鼓浪屿历史文化风景区，还是充满闽南骑楼建筑风情的中山路步行街，都促进了厦门旅游业的发展，为其经济宜居创造了巨大效益。

2.4 宜居视角下的厦门历史建筑保护与利用现状

目前，厦门市的历史建筑和街区按照其功能划分，主要分为商业类、博览类、宗教类、居住类、教育类和办公类。其中商业类、居住类和教育类是保护工作的主要部分，本次研究将围绕这三类历史建筑分析和评估历史建筑和环境在厦门文化宜居建设中的现状和问题。

2.4.1 教育类历史建筑

厦门教育类历史建筑的代表是嘉庚建筑，其在近代建筑史上有着不可磨灭的地位。嘉庚建筑具有的人文价值取向和深厚的文化内涵，以及历史价值和美学价值是新建筑所难以取代的。嘉庚建筑群同样也是教育和旅游经济的重要载体，集美区的“三园三馆”成为对群众进行爱国主义教育和思想品德教育的重要基地。此外，嘉庚建筑对经济以及文化具有促进作用，嘉庚建筑群是促进城市旅游业发展的重要资源，尤其对于厦门集美区的发展而言尤为重要。对嘉庚建筑的保护符合了旅游经济发展的需要，它不仅仅是当地旅游经济的重要元素，还可以带动周边地区的发展。对保存完好的嘉庚建筑及建筑群在不影响其教育功能的使用下，可以向游客开放，作为集美区的重要旅游资源。集美学村承载着高等教育与集美旅游观光的主要景区的双重角色，学村与嘉庚公园、鳌园和陈嘉庚故居等名胜一起构成了集美特色城市景观的底蕴，加上浓郁的闽南传统小镇风情，每年吸引国内外游客超过百万人次（桑小琳、邓雪娴，2005）。

2015年厦门市规划委员会通过的由厦门市城市规划设计研究院编制的《集美学村历史文化街区保护规划》详细规定了集美学村保护区和协调区的控制要求。规划方案确定了保护整体框架，即“一带、八组、若干点”。“一带”指龙舟池一带滨海风貌建筑群，它们丰富多变的天际线构成了集美学村标志性景观。“八组”即学村内成组成片的校园风貌建筑群。“若干点”即散落于学村周边的特色民居。方案主张“冻结保存”法，即允许对保护对象进行必要修缮和加固，但必须以不改变原貌为前提，即“修旧如旧”原则，确定了特殊保护、重点保护、一般保护这三级保护对象及相应保护措施。规划还规定保护区内的历史建筑不得拆除，不得进行新建、扩建活动；各种修建性活动须取得规划、文物部门同意。对于新增建筑，应该通过控制建筑高度及色彩，创造与传统风格相协调的建筑形象等规划设计手法，尽量做到既满足现代生活需要，又不失历史传统特色（赖敏平，2007）。

目前，集美区的南薰楼、道南楼以及厦门大学的群贤、建南、芙蓉、嘉庚楼群在经过不同程度的修缮后仍作为学校教学楼和宿舍楼继续使用，充分体现了其作为教育类建筑的功能，并在使用中得以保护。在建筑的日常使用期间，学校和学生注重对建筑本体和设备设施的维护、清理，发现问题立刻进行修理修复，使得建筑一直处于一种良好的使用状态下。与此同时，政府部门也对嘉庚楼群的保护采取积极态度，不仅在法律法规上给予支持，例如由厦门市城市规划设计研究院负责编制的《厦门市文物保护单位保护控制规划》（2006年）、《厦门市紫线控制专项规划》（2007年）和《集美学村历史文化街区保护规划》（2015年），更是在资金上奠定保护工作的重要基础。

2.4.2 商业类历史建筑

历史建筑丰富的立面形式和空间还可以烘托商业气氛，西方国家在20世纪70年代前后就已经开始考虑如何将购物行为融入历史建筑之中，在保护历史建筑的同时也为原本逐渐衰败的区域注入了新的活力。宜居的商业环境，同样是构建和谐社会和宜居环境的客观需要（周兴寿，2003）。商业类历史建筑注重经济效益与文化效益的共同发展。如何在保护区域内文化底蕴的同时提升其经济效益，促进区域的可持续发展是其保护利用的重要组成部分。

厦门中山路历史街区是厦门市商业类历史建筑保护的首要工作。中山路历史街区位于厦门岛西南海滨，片区主要形成于20世纪二三十年代，由厦禾路、鹭江道、镇海路和新华路围合，面积约129hm^2，其中核心区由大同路、鹭江道、镇海路和新华路围合，面积约87hm^2。该街区处于厦门市旧城区的核心部位，是厦门旧城风貌中最具代表性的区域，集中体现了厦门旧城的历史和文脉特点（卢杨，2009）。中山路历史街区最富有特色的还是要属其延绵的骑楼购物街，展现了中山路历史街区在中外文化背景的交融下，商业文化了摆脱传统文化和价值观的束缚，表现出更多开放思维和洋为中用的创造性思想。作为厦门老城区一个重要组成部分，历史街区的保护和更新在一定范围内一直以重视“保护”为主，目的是保护城市的历史记忆和生活环境。但中山路不论在历史上还是现在，甚至在未来都可能会是无法替代的厦门最繁华的商业街，也是厦门展示自己的窗口。因此，在强调保护的前提下，如何强化中山路历史街区在商业经济繁荣中所扮演的角色也是极其重要的问题。

2.5 宜居视角下的厦门历史建筑保护与利用存在的问题

2.5.1 中山路历史街区的商业业态问题

中山路历史街区的商业设施主要分布在中山路、思明南、北路、思明东、西路、大同路、大中路、升平路、海后路等路段上。以食品、零售的旅游经济为主，主要面向外来游客这个消费群体。中山路步行街的业态发挥了同业聚集的良好作用，商业影响力较强。但与历史街区内的其他街道一样，商品主要面向外来游客消费群体，业态“同质化”倾向严重，商业种类的结构不合理，特色不明显，经营档次参差不齐，零售餐饮和面向游客等业态比例过重，文化休闲、服务类业态发展严重不足，为本地居民服务的商业不多。通过对大同路，厦禾路和开元路等三条街道的业态分布进行的调研和观察可以发现其中的商店以零售和餐饮为主（图2-1），而且少数店铺经营品种档次较低，降低了街区品位和商业形象，缺乏商业经营特色，难以创造整个商业区的影响力和吸引力。

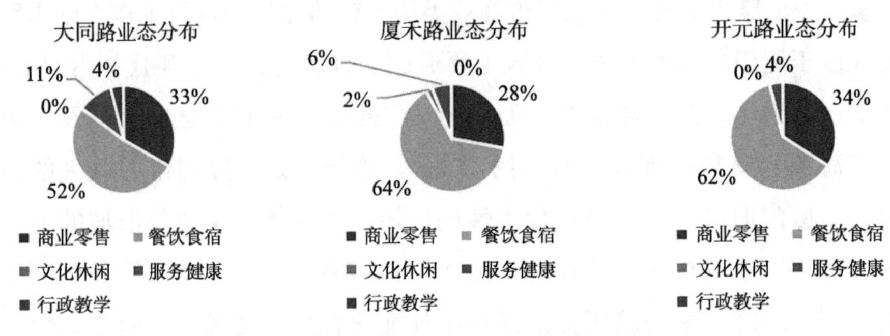

图2-1 大同路、厦禾路、开元路商业业态分布比例

资料来源：作者自绘

2.5.2 中山路历史街区公共休闲空间的缺失

公共休闲空间是一个城市社会生活的中心，长期以来是人们生活、交往的场所，扬·盖尔（Jan Gehl，2013）指出人们在公共空间中的户外活动可以划分为三种类型：必要性活动、自发性活动和社会性活动；“它们的共同作用使得城市和居住区的公共空间变得富于生气与魅力”。在宜居城市中，舒适宜人的公共休闲空间能够激发居民积极向上的生活态度，同样也有利于游客情绪的缓解，对人们交流进而形成健康良好的人际关系产生有利影响，进而促进街区活力，这种交往的场所感及其体现出来的地域文化特色，对于外来游客具有独特的吸引力。然而对中山路的观察可以发现，作为商业购物中心的中山路步行街上供游客休息的座椅数量稀少，致使人们无法在游览之余得到适当休息，无法满足游客和行人停留休息的需求，更莫谈及舒适的感受以及人与人之间的交流场所了。除中山路步行街之外的其他骑楼街道均为机动车道，行人行走于骑楼下的空间，道路两侧均为店铺，空间拥挤，购物空间的停留、观赏和娱乐性较差，且无休憩设施，整个中山路历史街区，只有老剧场文化公园是附近居民可以进行交流、休憩的场所。

2.5.3 商业与特色文化结合的不足

根据研究人员在厦门的调研发现，中山路历史文化街区很少举办主题文化活动。虽然随着旅游经济的发展，中山路历史街区近年来也开发了一定数量的文化游览项目，但游览项目的设置更多定位于观光休闲，地方特产销售、购物等主题，和历史街区本身具有的独特文化和历史价值的关联性并不紧密，大量平庸的旅游商业设施和经营活动极大地冲淡了中山路历史街区本应具有的文化品位，并未对大量有价值的历史文化遗产进行深入挖掘与利用。

在宜居城市评价体系中，历史建筑为城市带来的文化风貌和特色是人文环境指标的侧重点。历史建筑在商业发展的过程中不能为了提升经济效益而忽略街区文化内涵的展示，在重视人的物质需要的同时，还应注重满足其精神需求。而厦门中山路历史街区的保护和利用在实践中难以在商业氛围浓郁的现代都市中展示其真正的文化底蕴和内涵，造成建筑所代表的历史精神的断裂。虽然中山路历史街区享有“中华十大名街”“中国闽台风情第一街”“南洋风情商业街”等美誉，是厦门城市形象的窗口，为城市带来了良好的社会经济效益。但是大多数游客对街区中的骑楼建筑以及当地文化了解甚少，许多游客希望知道更多建筑“背后”的故事以及闽南传统历史文化，但是这种要求并没有在街区中得到体现，难以为游客和市民充分展示出厦门城市历史文化的韵味和特色，虽然部分实现了强调经济宜居，但削弱文化宜居的体现。造成这些问题的原因主要有两个：

首先，对街区的人文历史资源挖掘不够，缺乏传统文化精神。具有地方性的多元历史文化借由历史建筑这一载体来展现，但是随着地区的发展和居民人口结构的变化，某些文化开始走向衰弱，保护工作的不足使得历史街区的部分艺术文化没有得到良好传承和发展，文化艺术形式会随着文化载体的消逝而灭失。例如像南音、歌仔戏、木偶戏、讲古这样的艺术形式是以街头露天的形式进行表演，没有专门的剧场、学校进行演出和传承，更不用谈及对其进行创新发扬了。部分图书馆、电影院等城市大型公共文化设施因为城市发展建设等原因也退出了历史街区，例如浮屿儿童图书馆、鹭江电影院等。历史街区内原有许多知名传统商号，包括建成商店、同英布店、吴再添小吃、回春药房、文圃茶行、盛昌钟表等，现在只有一部分依然留存，而留存下来的百年老店主要为饮食方面的商铺，如何传承厦门传统的商业精神与形式是现代社会发展需要重视和研究的议题，应当引起政府规划、建设、商业和管理等部门以及专业人士的重视。

其次，街区的发展定位出现矛盾，影响街区品质的提升。历史上，大同路、开元路、中山路和镇海路一带的街区一直就是厦门老城区传统的商业和住宅混合区。这个地区有着大量传统风格的骑楼建筑，底层为商铺，上层为居住。20世纪90年代厦门作为我国一个重要的旅游城市以来，又将商业旅游的功能融入其中，旅游、商业与住宅混杂功能对中山路历史街区的保护和人居环境的提升产生了一些负面影响。在街区中开展大量商业旅游活动，游客和旅游经营的行为势必会对当地居民的正常生活形成一定的干扰，比如街区拥挤、交通出行不便、噪声干扰、加重城市基础设施负担等，而且由于旅游业的直接受益群体主要是部分旅游业的从业者，虽然对少量的本地居民来说可以解决就业岗位，但大部分没有获得真正的经济利益，这种矛盾若是处理不当容易产生社会问题（汤小玲，2007）。另外，街区大部分住户是老年人和因房租低廉而入住的外来务工人员。随着居民人口结构的变化，特色文化的继承者——原住民迁离历史街区，致使传统历史文化的氛围也在逐渐消失。历史街区人文底蕴和文化脉络的消退，并不会带来旅游业繁荣，反而导致特色的丧失和旅游品质的下滑。这些问题需要在宜居城市的建设中引起足够的重视。

2.6 城市宜居与厦门传统文化和习俗

林语堂在《生活的艺术》一书中说过，我们只有知道一个国家人民生活的乐趣，才会真正了解这个国家；正如我们只有知道一个人怎样利用闲暇时光，才会真正了解这个人一样。这句话同样适用于城市，例如厦门，只有了解厦门人的生活乐趣，才能真正了解厦门作为宜居城市的重要内涵，而厦门人的生活乐趣存在于他们的文化习俗中。

“民俗”顾名思义就是民间风俗。民俗的范围可以涵盖“整个社会生活的各个方面”（钟敬文，2009），包括古老的风俗习惯、典礼仪式、歌谣、传说，也包括建筑、服饰等有形文化。民俗本身也是一个不断更新发展的历史过程。

厦门民俗是厦门文化中最具传统特色的部分。它源于先民们在开放厦门岛历史进程中先后带来的原乡民俗文化，又在走向都市化的环境条件下相互融合扬弃，适应城市居民的社会生活方式，发展出自己的传统。厦门传统民俗文化，是闽南民俗文化的一个分支。由于本地传统的形成仅有300余年的时间，它保留了浓重的闽南农业社会和漳、泉传统城市的气息，和闽南文化具有很强的传承关系；即使从本地都市生活中浓缩而来的新传统，也可以看出原乡土文化的影子。当然，随着近代厦门成为闽南的中心城市，它的传统民俗又曾反作用地影响于闽南、台湾的城乡，并被海外移民带到侨居国去。同时，又改造吸纳了台湾人和海外华侨、华人的某些传统习俗。在这层意义上，厦门是闽南文化传播至台湾、东南亚的一个中转站，又是闽南文化圈民俗相互交流影响的一个窗口。厦门传统民俗是连接闽南传统民俗与台湾传统民俗及东南亚闽南华侨、华人传统民俗的一个环节。

厦门岛上的居民，都是自唐以后历代各地方移民。《厦门志》称厦门是“五方杂居”。厦门不同于北京、泉州等历史悠久的古城，市区祖居十代以上者并不多。泉州来的移民，带来了泉州的民俗；漳州来的移民，带来了漳州的风俗。各地的移民都在短短几百年时间里涌进厦门、聚居厦门，共生共存，相互影响，相互吸收，逐步演化，这是厦门民俗一大特点。

厦门民俗和传统文化体现在厦门人的生活方式上。传承本地的民俗和传统文化，既能保持本地的特色，还能让居民们形成对地方和家乡的依恋和怀旧感，这是厦门建设宜居城市的必要条件。本书的研究将主要关注厦门传统民俗中几个重要且别于他人的特点。

2.6.1 轻松、“慢生活”的茶文化

饮茶在厦门是极为普遍的生活习惯。厦门人每天喝茶，也以茶待客，并常配上茶点，以表热情好客。茶被认为是居民文化最根深蒂固的部分。绝大多数厦门居民几乎每天都喝茶，不管他们是否出生在厦门。笔者在厦门调研，当提到厦门的文化特征时，出现频率最高的词是“喝茶”，大部分被访者都喜欢喝茶这种生活方式，并且喝茶时会聊天、吃点心、谈生意等，慢节奏的生活方式已经渗透到日常工作及人际交往等。一名退休的老人指出，他可以不吃饭，但不能一天没有茶。饮用茶已融入日常生活，在厦门处处可以看到喝茶的人，即使是来自其他省市的居民。一位出生于华北地区、在厦门居住六年的居民告诉作者，他学会了如何品尝和鉴别茶叶，并享受厦门式的生活方式。茶也是人们之间的社会联系，表达自己的爱和关心别人，有居民表示：

"即使是人们第一次在喝茶的时候会面，茶也使谈话变得轻松。"从这个角度来看，茶文化给人们带来舒适、和平、平静、安宁的感觉，成为人际关系的润滑剂。这种平静和谐的感觉增加了城市的宜居性。

2.6.2 生活方式与饮食习惯

厦门地处中国东南沿海，除了饮食具有南方特点，最重要的一种日常食物便是海鲜。老厦门非常喜欢海鲜，特别是很多老人几乎每天都去"八市"[①]海鲜市场。

厦门在20世纪二三十年代发生大规模的造城运动，规划建设了关乎民生的菜市场，此举惠及厦门市民数十年。目前厦门第六、七等市场仅部分保留原来的风貌，而八市是至今保留最完整的市场，成为一个时代不可抹灭的记录。"八市"位于营平片区，以古营路、营平路为中心，靠近第一码头，因海鲜闻名了近一个世纪，后来又拓展到包括开平路、小大铁巷、开禾路一片很大的范围，开元路中段古营路是"八市"的主要入口之一，而开禾路营平路上方悬挂着"营平农贸市场"跨街的红字招牌，更像是它的正门。"八市"现在单是固定摊位就有750个，是厦门岛内最大的菜市场，海鲜品种和质量也是最多、最新鲜的，无数家庭的餐桌就连着"八市"，许多餐馆的菜谱也依据"八市"的食材进材设计与制定。不仅是居民和小店，厦门高档饭店也取材于"八市"。研究人员在厦门调研时，一位采访对象告诉研究人员，厦门一家非常高级的日料店就是从"八市"进货，每次从固定摊位只选购最新鲜的特定鱼类。走进"八市"，"刚上岸的奥……生灵灵、活跳跳……"叫卖声不绝于耳。"生"，在闽南话中是新鲜的意思，"鲜活"是这个菜市场最大的卖点。生活稍微讲究一点的家庭，都会有老人起大早，在晨练后就到"八市"赶早市。特别是开通BRT公交，"八市"的开禾路口就有停靠站，扶手电梯可以将乘客送到两层楼高的站台，离这里远点的市民也能来采购。清晨的BRT称得上是买菜专线，拎着海鲜菜蔬的"阿伯""阿姆"，把"八市"的新鲜海味带往厦门岛的各个角落。逢年过节，"八市"更是堵得水泄不通，厦门几乎家家出动前来置办年货，虽然明知可能被"宰"，仍然欣欣然前往。"逛八市"已经固化成厦门饮食文化的

① 厦门曾经有9个菜市场，"八市"是第八菜市场的简称。

一种特定仪式，保存着早期厦门人出海捕鱼、靠海吃海的质朴生活方式和文化记忆。所以“八市”成为厦门很多居民生活中最能够具备活色生香和最富生活气息的世俗文化空间。“八市”已经不仅仅是一个菜市场，已经成为厦门当地一种文化和生活习惯的具象空间，体现出当地居民对厦门这座城市的眷恋和怀旧感。也证明生活方式和饮食习惯是得以继续保持厦门宜居性的一个面向。

2.6.3 地方性的方言

属于闽语系的厦门话（闽南语）对于厦门文化的传承和展示关重要。厦门话和饮食习惯一样都可以追溯到古代。闽南语源于黄河、罗河，迁至西晋，唐，北宋的福建南部。因此，厦门话保留了中原的古老发音。然而，随着闽南以外的移民人数的增加，闽南语正在消失，许多青少年更不情愿用当地的方言交谈。如果这种情况继续下去，文化就会因语言的死亡而消逝。

语言是文化的第三要素。芒福德（Mumford，1970）将文化视为城市的容器，相应地，语言也被视为文化的容器，它保留了大部分古老的信息和习俗。有学者认为，“闽南语是民族文化的根源”。

然而，闽南语在厦门正在逐渐消失，其原因主要是厦门外来移民的不断增多并占据厦门大部分人口比例，同时厦门本身对外来事物的包容和接纳程度较高，厦门政府对于普通话的宣传较于闽南语更广，现在厦门人的第二代都不太接受厦门话，即使能听得懂，也不愿说。这种情况持续下去，将最终导致厦门话在厦门的彻底消亡。然而一种语言的消亡也意味着一种文化的断裂，闽南语的传承不仅仅对于厦、漳、泉等闽南地区重要，对于整个中华民族文化传承都非常重要。

2.6.4 包容性的宗教

杨庆堃（C. K. Yang）（2008）将具有独特的神学、仪式和组织的宗教称为“制度化的宗教”（institutional religion），如佛教、伊斯兰教，而没有这些特点的称为“普化性宗教”（diffuse religion），如各种民间信仰。厦门是一个制度化宗教和普化性宗教共存共荣的地方，主要宗教有佛教、道教、基督教、天主教和伊斯兰教，其中以佛教为主。佛教于隋代传入同安，唐大中年间（842 —

857年）传入厦门岛；道教于唐中叶在同安首建道观，明初在厦门岛内建城隍庙，在传播过程中显示出道教俗神化与民间杂神崇拜混杂的特点；天主教于明崇祯年间进入厦门；基督教于清道光二十二年（1842年）传入厦门；清代中叶，随着迁入厦门岛的穆斯林人口的增长，伊斯兰教也传入厦门。

厦门民间信仰宫庙供奉的神祇主要有三类，一是"功施于民则祀之"的人物，如开闽王、开漳王、吴真人、妈祖、清水祖师、三坪祖师等；二是出于恐惧和敬畏，带有厉鬼崇拜特征的王爷信仰，如"某府王爷""某将军"等；三是被世俗化的儒释道三教崇拜的神祇，如观音菩萨、玉皇大帝、关公等。多数宫庙以供奉"祖师"或"王爷"为主，伴以其他。已经登记的10m²以上的民间信仰活动场所多达2200多处，其中的同安区44万人口，民间信仰活动场所有1100处，平均每400人就有一个活动场所。各方教派、各路神仙汇聚于小小的厦门，各行其道、相安无事，不能不说是厦门一个奇特的文化现象。这种宗教的包容也证明了厦门文化的包容，体现其宜居性的一面。

2.6.5 自然和历史相互融合的厦门传统文化

从气候上看，厦门属于亚热带海洋性季风气候，无冬季、春季短、夏季长，平均气温较高，雨水充足、空气湿润，形成人们饮茶消暑聊天的悠闲生活方式。从某种意义上说，文化行为起源于并决定于自然环境尤其是气候。阳光充足、温暖的气候赋予厦门人健谈、开放、快活和热情洋溢的禀赋。

从历史上看，厦门文化起源于中原文化，经过中原人口三次大迁徙而来，又因远离中原，故而保存了古中原文化，闽南语就是一个例证。在多次不同文化的融合过程中，厦门文化呈现极大的包容性和丰富内涵。同时，厦门是鸦片战争后中国最早的通商口岸之一，其进出口贸易活动兴盛，内外民间交流频繁，从而形成独具特色的侨乡文化。

2.6.6 赋有生命力的文化与厦门宜居城市的建设

厦门城市宜居性由其环境、经济、空间、社会和文化等共同形成，其中文化具有重要的作用。有学者认为文化是仅次于环境、气候条件的第二大影响宜居性的因素。收入水平、文化层次越高的人群对于文化的需求越大，反之亦然；不同人群的文化需求也不尽相同。但是，无论何种性别、何种年龄、何种收入，最具影响力的文化是饮食文化，这种与天地紧密联系、久经历史积淀的文化，已经深入血液和骨髓，成为最根深蒂固的文化特征，也是最具生命力的文化脉象。本地的饮食文化不仅仅成为厦门人生命中不可或缺的一部分，同时也深深影响了来厦门生活、工作、学习的外地人。这种文化之所以具有如此强大的生命力，正在于它给厦门带来了一种生活的舒适感，也就是我们所说的宜居性。

2.7 厦门宜居城市在文化领域存在的问题

2.7.1 城市文化产品供求的不匹配

厦门市居民和政府对于厦门文化内涵的理解及需求不同，造成文化产品供求不匹配。一方面，政府投入大量物力、财力建设图书馆、博物馆、艺术厅等高端文化产品，大力保护鼓浪屿、骑楼等物质文化遗产，以及高甲戏、歌仔戏等非物质文化遗产；另一方面，大部分居民喜爱的临街喝茶聊天、沿街叫卖的生活被不断挤压、驱逐，对于慢生活文化需求得不到满足。文化产品供应和需求的错位，导致城市文化贵族化、传统民俗文化边缘化的趋势越来越明显，这带来厦门与其他城市的趋同性，归属感和自身特色丧失的风险，还导致自我认同和宜居度的下降。一座宜居的城市应当是面向所有居民，而不是仅就某一个阶层而言。因此，文化产品的提供还需精细化和多样化，并且延伸到每个基层社区，在提供高端文化产品的同时，应当同时考虑对传统生活习惯需要的满足，应当为不同人群提供适当的文化活动场地和交流机会。

2.7.2 经济因素对城市宜居文化的影响

厦门的文化对于提升厦门的城市宜居度有很大支撑作用，但是受房价、收入等经济因素的影响在一定程度上被削弱。研究人员在厦门调研时，不少来自其他城市，目前在厦门工作的居民表示，厦门很宜居，但其高房价、“低”

收入使生活难以为继，最终会选择离开厦门。老厦门人虽然没有住房的压力，但也感叹节节攀升的房价使身边的年轻人都纷纷离开厦门。厦门因其自然、文化魅力吸引了无数人来生活、学习、工作，却因收入、住房压力而又迫使这些人离开，这不能不说是一种遗憾。一个城市的发展，离不开年轻人的热血奉献，缺少年轻人的城市也将是一个缺乏活力的城市。在宜居城市中，环境、经济、文化三者处于对立统一的状态，三者缺一不可，相互作用、相互影响，只有正确处理好了三者之间的关系，才能真正建构宜居城市。

2.8 宜居城市的历史建筑与区域及传统习俗提升路径对策

2.8.1 强化传统文化和历史街区保护，提升文化自信

厦门具有悠久的历史，多样的建筑风格，浓厚的文化底蕴。厦门居民长期以来与厦门形成了一种比较特殊的“人—地情感”，是当地居民赋予厦门内的一种特殊的含义，将具有地理空间概念的“地方”，变为具有人文意义和社会意义的“地方”（王洋、于立，2019a）。这或许与厦门的建筑和生活氛围息息相关。历史上，厦门人不喜欢离开厦门岛，因为他们受到了厦门的生活环境和空间形态，以及影响着人们生活速度和节奏等社会和本土文化要素的影响。人们通过行为流露出对其生活经验、感受和思考中那些社会和文化环境相关联，展现其“意义”内涵的理解，表述了人—地之间的情感（王洋、于立，2019b）。

厦门的发展应当充分借鉴文化的优势，在推广高端文化产品的同时，必须保护和利用好物质型和非物质型的文化遗产。应当通过聚焦民俗文化，切实关注百姓所需、所想，即强化对“情感真实性”的尊重，保护人们的真实的文化认同和精神归属（王洋、于立，2019b），关注民生、体察民意、体贴民心，继而提高居民生活满意度、幸福感和归属感，提升城市宜居度。通过对高端文化和传统民俗文化的保护和供给，提升“文化自信”，体现中国价值。具体的措施和对策下面将进一步探讨。

2.8.2 重塑空间格局，构建厦门“一慢，一快”两个空间

原先厦门的规划仅局限于厦门岛的发展，如今的厦门作为中国中心城市和闽南核心城市。如何在保持历史传统文化和历史街区及其建筑、推动宜居建设的同时，实现经济发展，是厦门当前面临的主要议题之一。经济是一把双刃剑，在推高当地GDP的同时，伴随着交通拥堵、环境污染、城市肌理破坏及传统文化的丧失。因此有必要重新思考和定位厦门的城市空间的发展格局，实施“一慢、一快”的生活和经济两个发展分区的城市模式，将厦门分成“休闲慢生活区”和“快速经济发展区”。

厦门本岛具有浓厚的传统文化底蕴，而且是主要的旅游区。在空间上，应当在厦门本岛推动和建设“慢节奏生活”的宜居城市。即是保留了厦门传统的“慢生活”，强化茶俗和食俗等休闲特征、保留厦门岛老城风貌及保存原生态生活方式，通过凸显厦门的历史痕迹、文化记忆和城市特色，借以吸引游客，达到宜居与宜游的平衡。特别是这几年随着人民生活水平的提高，工作压力的增大，追求“慢节奏生活”，休闲体验型的旅游已经成为不少人的一种生活方式。另外，“泡茶”式的“慢生活”同时能够满足厦门宜居经济发展的一个重要方面，即研发、创意人员的生活和工作环境的需要，与西方国家的“咖啡文化”异曲同工。

同时在厦门本岛之外实现快节奏、快发展的产业经济发展带。在海沧、集美、翔安等新区大力建设新城，完善公共交通等基础设施，引进高端制造业、服务业企业，带动整个厦门经济发展。与本岛形成不同的城市功能分区，成为宜业的城市。

通过空间格局的变化，一方面，人们可以继续享受老城的“慢”生活，另一方面，岛外新城经济快速的发展，保证厦门具备经济快速发展的活力。

2.8.3“政府主导，公众参与的保护模式”

秉着让公众真正参与、真正享受文化活动的宗旨，需要在明确政府作为厦门历史建筑保护利用主导地位的前提下，鼓励新媒体（微信公众号、微博等）的参与，利用新媒体平台为媒介激发居民和游客对历史保护的关注和兴趣；同时以街区管理委员会为单位，组织街区内居民利用充满文化底蕴的历史建

筑及其街区环境来开展文化活动。此外，同时居民自身参与活动也是一个向游客展示闽南文化的窗口，既丰富了当地居民的日常活动，又能够激活活力不够、利用率低的历史建筑。下面以中山路历史街区为例，说明以社区为单位促使居民参与的具体方式。

①将历史建筑及其街区的保护与新媒体相结合，利用新媒体的平台（微信公众号、微博等）引导和激发居民及旅客对身边的历史建筑和街区的探索，重塑人们的历史情怀和归属感，鼓励群众透过新媒体的平台自发组织“探索历史建筑，保护历史文化”的游览活动。在探索、游览和感受历史建筑及其文化底蕴的过程中，激发人们对历史建筑和传统文化的保护欲望，促使群众提出更多的保护建议，再将其与城市的历史、文化、街区的保护规划相结合。

②老剧场文化公园是街区内以传播厦门传统文化为目标的公共交流场所，会定期举办例如讲古、老物件展示等传统文化的宣传活动。可以借用老剧场文化公园良好的位置和条件，鼓励居民以社区为单位，将自己收藏的具有历史意味的“老厦门”物件在文化公园进行定期展出，不仅可以组织社区居民参观，还能够对外宣传，用“传统文化”气息吸引游客参与。活动中可以由居民自己为大家介绍藏品的来历和故事，既能激发街区的传统文化活力，也能激发人们之间的情感和对民俗藏品的兴趣，在参与活动和听“故事”的过程中，还能够学习到很多知识，完善自身。

③中山路历史街区具有丰富的建筑文化资源——骑楼。骑楼的意义还在于展示了厦门城市的包容性和开放性。作为“五口通商”城市之一的厦门，很早就与世界不少国家有了商贸联系。本地也不少人迁居国外，在世界各地打拼之后，落叶归根带回了现代商业模式，并将国外的建筑风格与本土建筑风格融合在一起。展现了这座城市由封闭走向开放，城市环境与人文精神之间的融合。为了向大众宣传骑楼建筑及其代表的文化精神，使居民和游客在行走于骑楼街区的过程中能够充分感受到传统文化的优美和感染力。首先，应设置中山路历史街区骑楼文化展示馆，展示骑楼文化精神的历史、人文和发展过程；其次，以骑楼空间为载体，定期举行面向大众的骑楼文化节、摄影节；再次，将骑楼空间结合街区内的特色旅馆、特色茶馆等生活体验空间，融入厦门“茶”文化，创办骑楼慢生活体验游等主体旅游活动。

让群众参与历史建筑的保护工作，本质上是要鼓励群众主动参与历史建筑再利用规则的制定及实施，最终使得保护利用成果更能满足群众的需求。较大的公众参与程度能够适当监督、缓解开发商过于注重经济效益而忽视历史建筑保护的问题。政府和相关保护部门应当积极通过报纸、书籍、网络等媒介向居民普及历史建筑保护的相关知识，激发群众自发进行历史建筑保护的热情。历史建筑的保护和利用应当是开放性的工作，应当维护当地居民和其他公众的知情权、参与权以及监督权，让广大群众通过多个角度参与到保护及再利用工作中。

2.8.4 以包容姿态调整历史街区商业业态，满足不同人群的需求

目前的中山路历史街区范围，中山路步行街及其临近街区的商业业态以食品、零售的旅游经济为主，主要面向外来游客为主的消费群体，但业态“同质化”倾向严重，使得街区功能过于单一。有必要均衡区域内的业态形式，引入不同消费水平的业态形式，满足不同的消费群体，特别是应当重视厦门本地居民的需求，这里有着厦门居民的“人—地情感连结”。除了目前的闽台特产店和文艺范的饮料、伴手礼店外，应增设骑楼文化或厦门传统文化体验的店铺，满足游客对精神文化层次的消费需求。对于一些礼品店而言，应鼓励商家更新经营的商品，而不是网购就能买到的纪念品、伴手礼等。同时引入一些能够吸引厦门居民的商业业态，为本地街区居民的日常生活提供服务。例如，可以结合街区内原有的小超市、理发店、服装店、餐饮店等业态空间，为社区内居民提供最为便利、可达性最高的商业业态，既保持了居民日常生活的便利性，又能增强社区内公共空间的活力和交往机会，亦能让游客体会到浓郁的生活气息，感受到当地的风土人情。

另外，历史街区现有商业业态基本定位为中、低端，消费水平亲民。虽然有较高端的服装、化妆品等销售，但是缺乏高端的餐饮和服务消费类型，适当引进消费较高的餐饮和休闲服务行业，一方面能够为游客提供更多的消费选择，另一方面也是吸引本地中、高端消费群体前来消费。

2.8.5 促进商业与历史文化的共同发展，实现双赢

在宜居城市可持续发展理念的指导下，可以积极开发和利用历史文化建筑和街区等宝贵的文化资源促进经济的可持续增长，这也是凸显一个城市文化

内涵和城市特色的契机。因此需要合理地处理历史建筑中的商业业态与文化内涵之间的联系，促进共同发展。赋予建筑和街区鲜明的个性，并在经营管理上合理地发展这种个性，因地制宜地规划和设计商业形式，使得历史风貌建筑的文化与其植入的现代功能和谐发展。一座城市所拥有的历史文化传统，是独一无二的宝贵资源，将在一个城市的发展中发挥不可替代的作用。历史街区的商业功能在这方面具有得天独厚的优势，把特定的历史、人文景观作为构筑商业中心的基础，挖掘地理环境资源，达到“借景造市、借景兴市”的目的。

中山路步行街存在着商业氛围过于浓郁掩盖了历史文化、骑楼文化的情况，临街店铺充斥着闽南特色小吃和各种伴手礼的店面，缺乏对街区和骑楼建筑文化的融合。可在街区中增加闽台文化宣传阵地——讲古场，以及闽南特色石刻的休闲桌椅、绿化组合、古迹指示牌、街区图等来美化街景。同时设置表演台，每周组织现代文艺演出、企业宣传推介和以布袋戏、歌仔戏、南音、民俗服饰表演等形式的闽南民俗文艺表演来宣传闽南人文文化，结合定期、不定期举办的各种主题鲜明的节庆、展览活动，吸引人流，增强中山路在旅游文化方面的内涵和吸引力，同时借此机会增加商业活力，丰富业态形式。将现代社会的时尚文化融入厦门历史街区和建筑文化，创造商业价值和文化价值是必然的趋势。

针对商业类历史风貌建筑和历史文化街区中商业氛围过重的问题，可以结合街区中著名华侨故居等历史建筑，举办公益性的主题展览，或者将建筑的内涵与传统文化工艺的商店相结合，突破街区内主要为餐饮零售的单一业态限制，使得历史建筑及其街区能够根据自身文化特色开发相应的经营方式，使其真正成为市民和游客进行文化消费的场所，满足人们文化消费的高层次需求。

在“八市”地区，虽然菜市场还未像百货市场那样受到电商的巨大冲击，但是随着生鲜食品的保鲜物流配送的不断成熟，B2C的价格优势必将对传统生鲜销售模式形成严峻挑战。菜市场的应对方式不是价格战，而是提升功能，开拓服务内容，增加现场体验，形成竞争优势。在保护好原有商业模式的基础上，加入新的商业业态如咖啡店、蛋糕店、加工厨房、传统手艺店、儿童嬉戏场所等，将新、旧商业模式有机融合，增强对新生代消费群体的吸引力，保持老城区活力。同时，积极鼓励原有商家转变单一经营思路，开展多种经营，实现多样创收。比如在英国各地的菜市场，除了保留各类生鲜蔬菜水果售卖，还有英式、中式、印度、中东等各地早餐、甜点、小吃，也有更多当地或外地特色手工艺小店、传统服饰商店、书店等，各种商品琳琅满目、各式经营“和谐共处”。市场内保持干净整洁，使得人们一旦进入市场，便“迷失其中”而流连忘返。

2.8.6 以人为本，提升厦门历史街区公共设施的人性化提升

1.服务型公共设施

城市配套基础设施是否完善，是影响着宜居性及安全性体验的重要因素。因此，应优先完善市政设施、公共服务设施和防灾设施，以提升环境品质，提供舒适、安全的居住、游览环境。除了构建休息、饮水设施和公共厕所这些日常需求的设施之外，还需设置历史建筑以及历史文化街区中的各类信息指示牌，如道路信息指示牌、街区特色店铺指示牌等。信息指示牌形式应简洁、朴素，具有良好的可读性，并与街区的历史风貌相协调。服务型公共设施特别注重规划和设计的“人性化”。首先在数量上要满足区域内游客和居民的需求；其次在形式上要将设施与文化环境和历史建筑构造要素相结合，促进文化的宣传和延续。例如在建筑边缘处、繁华街道边缘和广场上设置座椅，将特色区域的地图和相关历史文化介绍与座椅设置结合起来，使得人们在休憩之余还可以通过地图和信息牌的介绍了解历史建筑和传统文化的“故事”，亦可增进游客之间、游客与居民之间的交流。变电箱、配电箱等电力设施应放置于室内，通信、广播、电视等无线电发射接收装置及空调应对外观有所隐蔽，垃圾箱等环卫设施外观也应与街区风貌相协调。

2.交通型公共设施

对组织交通的标志和节点也应进行适当的更改。历史建筑所处区域中的公共交通工具站点和交通标识应当在原有的为人们提供通行服务基础上，为人们提供景点介绍、查询和指引位置等功能。例如，公交站台和地铁站出站口可以标示附近的历史建筑或街区的景点，方便游客查询；对公交站台和地铁站出入口进行风格化的设计，融合区域的建筑形式特色，吸引游客前去游览。

3. 文化型公共设施

街道小品、雕塑、广告牌以及铺地等均属于文化型公共设施，历史建筑和街区中的文化型公共设施应起到烘托历史建筑文化气氛的作用，使公共空间更加生动有趣，增加公共空间的可识别性和地域性。从人的行为、心理、视觉等角度出发，满足人们对城市环境空间多层次的需要，环境空间的组织和环境设施的安排要以人的视觉、触觉以及由此引起的心理感受为参照，将景观性、功能性和安全性相结合，在功能、样式、质感、色彩等方面，创造出优质的人文环境。首先，文化型公共设施在造型上要与其附近的历史建筑相协调，在色彩、材质和造型上与环境融合，才能对历史风貌建筑起到一定的烘托作用；其次，在功能上，应当多结合历史建筑文化内涵，从而起到宣传介绍的作用。

2.8.7 加强管理，提升老城区文化发展

老城区往往是一个城市文化的核心区和集中区，厦门也不例外。以中山路、大同路、厦禾路等为代表的老城区街道已先后经过拓宽改造，或变成游客云集的商业街，或变成交通拥堵的城市主干道，只有极少数基本保留原貌，例如八市。这些街区虽基本保留原貌，但卫生状况较差，与宜居城市标准不匹配。然而如果与厦禾路一样改头换面，恐怕厦门残存的文化宝地也将失去，留下充斥着商业气息的外壳，极大损害城市的吸引力。最佳的方式是充分利用这些保留的历史街区，在充分挖掘其文化价值的同时，强化有效的管理手段和措施，而不是简单粗暴的拆建，相信厦门本岛的老城区，包括中山路和“八市”们会延续厦门的“传奇”，以其琳琅满目、活色生香的文化气息“说好”厦门的故事。

2.8.8 保护闽南方言，留住厦门文化的根

一国、一地的语言乃是该国、该地区的文化根基，如果没有此根基，一切文化都形同虚设。好比非洲很多国家没有自己的文字，口口相传的文化在殖民之后立即崩溃、不复存在，可见语言对于一个地方文化保存的重要意义。厦门话更是如此，它不仅是闽南语的留存地，更是中国古文化的保存地，保

护厦门话，不仅是保护厦门的文化，更是保护中华民族的文化。但现今能说、愿说厦门话的人越来越少，年轻一代会说、愿说的就更少。再经过几代人，厦门居民中会说厦门话的将十分稀有，到那时候再挽救为时已晚。英国威尔士（厦门的友好城市卡迪夫为其首府）为了保存其威尔士语，通过法律规定在所有公共场所都必须标注威尔士和英语双语；电视、广播有专门的威尔士语频道；无论是大学还是中、小学都开始免费威尔士语教学；公共正式的会议必须先以威尔士语作为开场。这些举措都是值得我们学习和借鉴。

3 宜居城市的公共服务设施与公共空间

3.1 世界宜居城市公共服务设施特点分析

虽然宜居城市由于各国不同的发展阶段和生活水平的差异，尚未有一个统一的定义。不同的学者、机构或者组织都对其有不同的概念和解释。但是城市的公共服务设施和公共空间是各国宜居城市发展从未被忽略的内容之一。绝大多数研究都认同宜居城市应当提供优质、令居民满意的城市公共服务和公共空间。

新加坡的城市宜居城市研究中心从一个普通人的视角来出发，研究了全球64座城市的宜居性。这项研究将城市公共服务设施纳入了评价标准，并且赋予了较高的权重。其他世界组织和咨询机构也都将城市的公共服务设施视为宜居城市评价的重要标准（Monocole，2016；Mercer，2016；中国城市科学研究会，2007；OECD，2015）。可见，无论哪一种定义或评价体系，对宜居城市的建设而言，城市公共服务设施和公共空间都是不可或缺的一环。

世界一些国家在制定宜居城市的发展战略政策时也同样将公共服务设施和公共空间放在重要的位置。厦门的友好城市——英国卡迪夫市在其宜居城市战略报告中将创建公共空间及其通达性作为重要的目标，卡迪夫市市民对公共空间的满意度达到87%，其公共空间的供给和市民的满意度在所有欧洲首都（首府）名列第四位，在欧洲所有城市中名列第15位，在英国所有城市中名列第1位。

通过对世界上一些排名在前的宜居城市开展研究可以发现，这些城市在城市公共服务设施和公共空间供给和通达性的政策上有许多相似的特点：第一，在宜居城市中，不论居住地的类型，对于居民生活必需的城市公共服务设施和公共空间都应当有平等的空间可达性；第二，从居民各自的住所出发，在较近的步行距离内就可以到达相应的基层公共服务设施和公共空间；第三，每一类公共服务设施都应当有不同层级的服务中心，以满足不同等级的服务需求；第四，所有的公共服务设施对各个社会阶层而言都应较容易地到达和使用。以上四条也是宜居城市公共服务设施和公共空间应当满足的定性标准。

城市居民对公共服务设施的基本需求一般包括公共空间场所、教育设施、医疗设施、体育设施和文化设施等五类公共服务设施。因此宜居城市的研究将基于居民对这五类基本需要的满意度为标准展开，其他较为高级的公共服务在研究中没有涉及。研究将以全球认可度较高的几个宜居城市排名为参考，选取排名前列的城市作为案例，通过对这些城市这五种公共服务设施供给现状、规划以及相关论文进行研究分析，从空间布局与服务内容两个层面，总结出宜居城市各类公共服务设施应当符合的一些参考标准。

由于无法获得厦门的矢量图和具体的地理信息数据，所以本书的空间图的表述完全基于网络上可以获取的公开数据和地图，在此基础上进行绘制和分析。公共服务设施和公共空间分析以厦门本岛为主要的研究对象，也是受到岛外数据获取的难度。虽然对厦门本岛公共服务设施和公共空间通达性的分析有一定的局限性，无法整体表现厦门的全貌；但研究立足厦门本岛，还考虑到公共服务设施仍然存在积聚性，厦门目前主要的公共服务仍然集中在岛内。对厦门本岛的研究和分析仍然具有典型性和代表性。以此探索解决新时代“我国社会主要矛盾是人民日益增长的美好生活需要和不平衡不充分的发展之间的矛盾”的问题。

3.1.1 宜居的公共空间

西方国家的城市的公共空间由来已久。例如，罗马和巴塞罗那这种历史悠久的城市有着众多大小不一城市广场。然而罗马和巴塞罗那并没有因此在宜居城市的评价中得到较好的排名，这是因为宜居城市不仅仅要求城市中有硬质铺装的各色广场作为公共空间，由于受田园城市和生态城市等理论的影响，宜居城市更要求城市中要有以绿地为主的公园系统作为开放空间。一方面，可以作为为居民提供交流的公共场所；另一方面，为城市提供一些必要的生态功能，以改善城市环境。

根据对世界知名宜居城市的调研和分析，可以发现世界排名在前主要宜居城市的公园绿地覆盖率普遍比较高，例如，斯德哥尔摩、新加坡、维也纳等城市都超过了城市面积的40%，其他大多数城市的公园绿地覆盖率也都超过了15%。但是由于各城市的统计口径并不一致，很难横向比较其覆盖率的现实意义，并得出参考标准，因此，人均公园绿地面积就比较有参考价值。研究发现大多数宜居城市人均公园绿地面积都在15m^{2}以上，如温哥华23.9m^2/人，维也纳15.5m^2/人，日内瓦15.1m^2/人。WHO给出的建议标准为9m^2/人，由此可见，宜居城市对公园绿地的供给必须是十分充足的。

宜居城市在公共空间供给上另外一个重要因素是公共绿地空间布局及其可达性。根据新加坡宜居城市研究中心2014年发布的宜居城市的排名，选取部分宜居城市，在同等比例尺下，制作了各城市公园绿地分布图进行对比（图3-1）。

从这些宜居城市的公共绿色空间分局图可以看出，公园绿地分布比较均匀，城市每个区域都有公园绿地。根据维利格（Villiger）和李（Li）（2014）的研究，苏黎世的城市公园绿地规划有比较高的标准：（1）从每个住宅出发，在步行10～15min的距离之内，可以方便地到达就近的公园绿地；（2）从工作地点出发，在步行5～7min的距离之内，可以方便地到达开放空间。由此可见，宜居城市的每一个居住小区都应该有小型的公园绿地提供服务，并且各基层公园绿地之间的距离最好不应大于2km，以满足小型公园绿地服务范围的全覆盖。

此外，这些城市中的多数都有比较大型的绿地作为城市级的生态中心，提供了较高等级的生态服务，以满足不同的服务需求。例如柏林市区内的坦佩尔霍夫（Tempelhofer）公园，占地面积355hm^2。该公园不仅提供了传统的公园休憩，还将体育运动、社区墓园、园艺博览等功能进行了整合。如此这般，不仅提高了公园的使用频率与服务范围，更将这些与绿地兼容的公共服务进行整合，在节约土地资源的同时，还提升了其他公共服务的质量。因此，宜居城市建设中，公共服务的聚集效应在公共服务的配置过程中也是不容忽视的。

在公共空间的设计上，对人的需要应当放在首要考虑的目标上。扬·盖尔（Gehl，2013）对宜人城市的公共空间设计提出12条标准，其核心内容概括起来就是一个好的公共空间应当从人的尺度出发设计，能够满足人群多种多样的需求，让人们有机会去享受公共空间营造出来的积极的环境。哈佛大学教授彼得·G. 罗（Peter· G. Rowe）（1991）也表述了类似的观点，他认为经过精心设计的公共空间，不一定是吸引人的。因为设计得越多，所带来的限制也就可能越多，从而约束了人们对这一空间的使用，满足人的需要才是最为重要的。

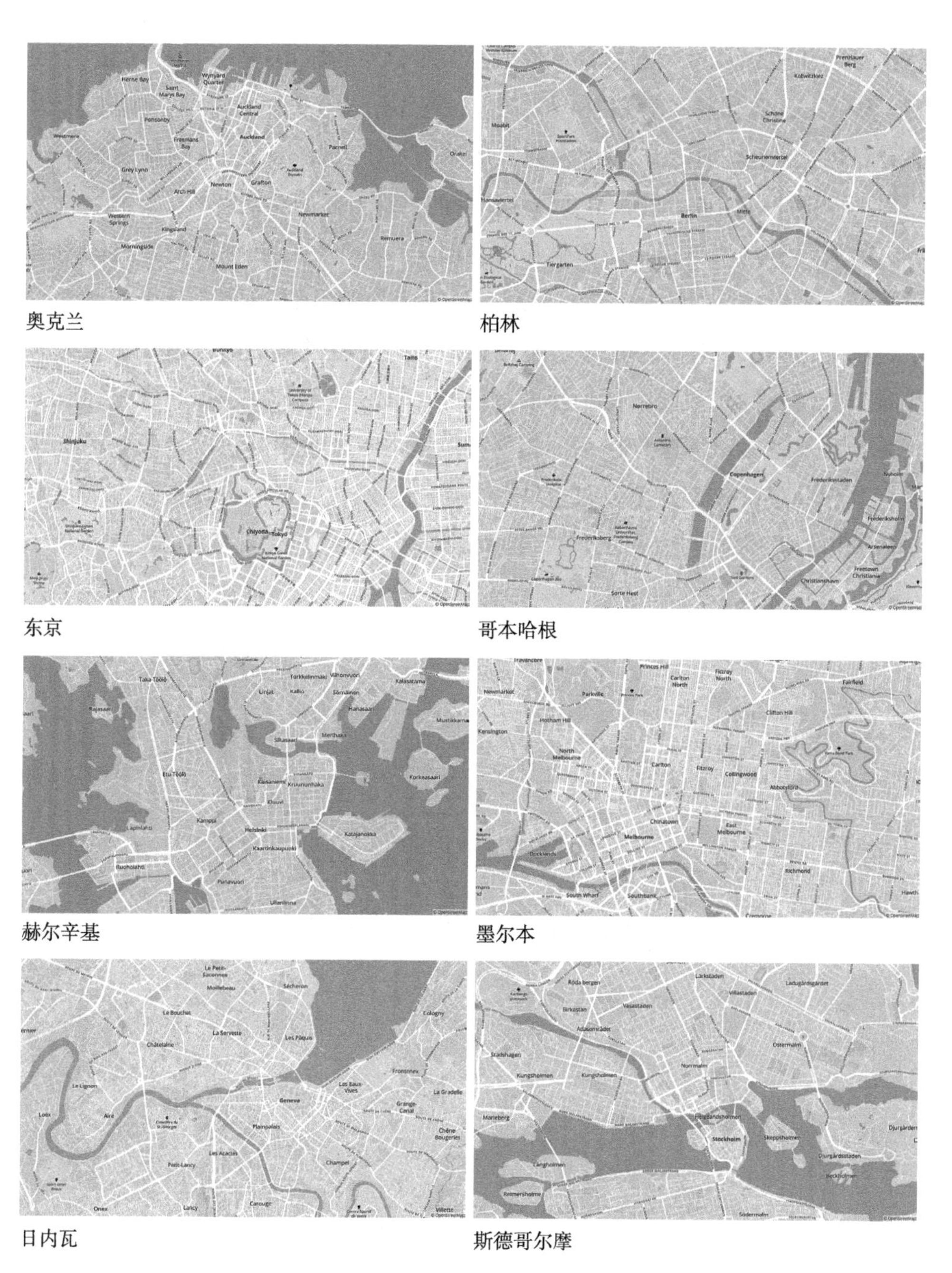

图3-1　国外部分宜居城市的公共空间布局

3.1.2 医疗设施

由于世界各国的医疗体系不尽相同，因此医疗设施的供给模式也有较大差异，故而很难横向对比各城市的医疗设施布局与服务内容，但是医疗设施总体指标的比较仍具有一定的参考价值。大多数宜居城市每千人拥有的医生数在3人以上，例如赫尔辛基3.4人/千人，哥本哈根3.7人/千人，柏林4人/千人，日内瓦4.1人/千人。而大多数宜居城市每千人拥有的护士数量更是在10人以上，由此可见各宜居城市在医疗资源的供给上是相对丰富的。

就医疗设施的空间布局和服务内容而言，各个地区是不同的。英国的医院布局就是相对集中的，但GP（家庭全科医生）诊所则是分散在各个社区之中的，以保证基层医疗服务的覆盖范围，目前英国超过90%的首诊是在全科医生处完成的；加拿大则在每个社区都修建了社区医院，以确保基层医疗服务保障。虽然各城市的医疗体系不相同，但是都十分重视基层医疗服务的可达性，确保基层医疗设施可以覆盖城市的各个区域。医疗服务设施方面，我国一些城市的发展并不比国外逊色，特别是像北京这样的重要城市（图3-2）。

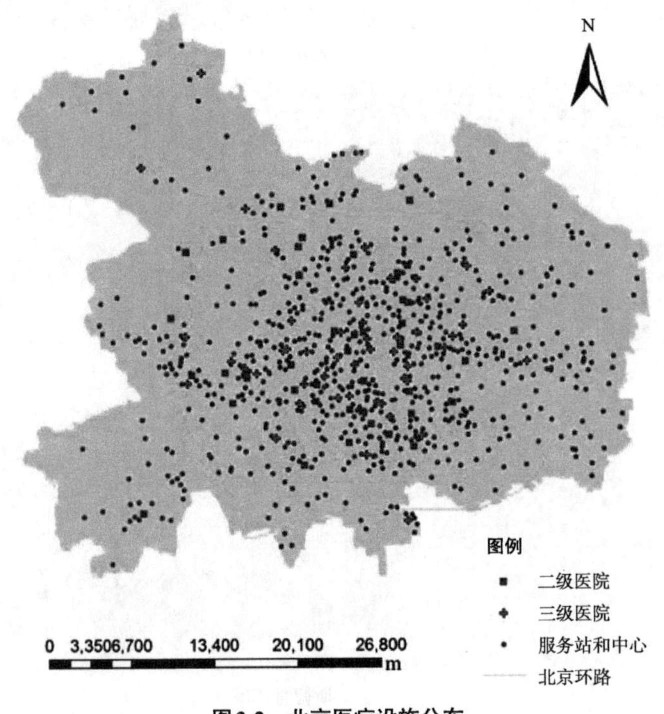

图3-2　北京医疗设施分布

资料来源：城市公共服务设施布局的均衡性研究

数据显示北京医疗设施的分布比较均匀，城市中心区医疗设施的密度相对较高。根据刘静和朱青（2016）的研究，北京市大部分居民点距离卫生服务机构都在500m以内，距离三级医院在5000m以内。此结果可以作为国内宜居城市医疗设施布局的参考标准。

3.1.3 教育设施

目前世界各国的教育体系虽有一些差异，但是在基础教育资源的供给上还是比较相似的。总体而言，大多数宜居城市经济发展水平较高，因而在教育资源相关统计指标上的优势比较明显。例如每千人拥有的中小学教师数，大多宜居城市都超过了8名教师/千人（OECD，2021）。此外，大多宜居城市的每名教职工负担学生个数在20人左右（OECD，2021）。

20世纪，英、美为首的西方国家主要按照邻里单元配置基础教育设施，一般将小学布局在居住区内部，避免主干道对小学的干扰以及所带来的安全隐患。这种规划思路至今都有着显著的影响，通过以下几个宜居城市教育设施的分布情况就可以看出这种配置方式的空间分布形态（图3-3）。

温哥华

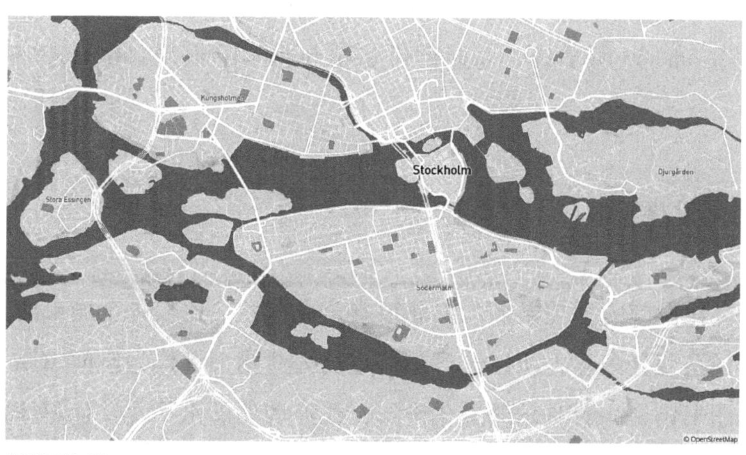

斯德哥尔摩

哥本哈根

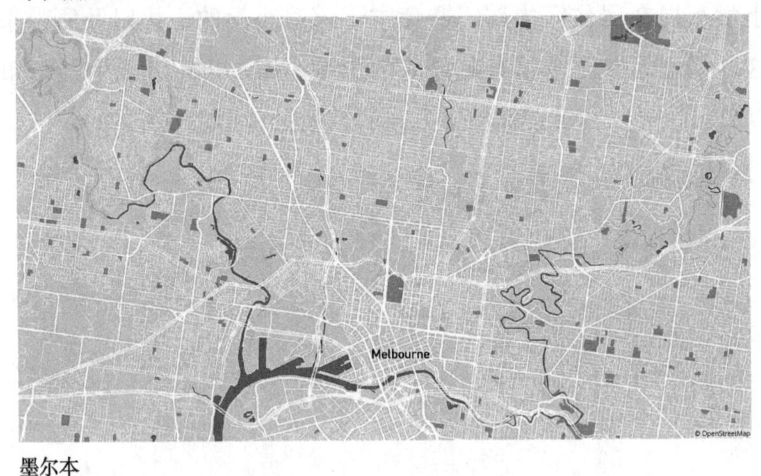

墨尔本

图3-3　世界部分宜居城市教育设施的分布图

这四个城市的学校分布都比较均匀，没有出现中心城区教学设施过分集中的状况。教学设施的主要差异为学校服务范围的大小不同，温哥华和墨尔本每800m左右布局1所学校，而斯德哥尔摩与哥本哈根每1500m左右布局1所学校。

3.1.4 文化设施

由于文化设施的种类繁多，因此很难全面地评估比较各个城市的文化设施的空间布局及服务内容，所以选取最基本的公共图书馆作为空间布局分析的指标。公共图书馆是相对基础的文化设施，受经济发展水平及文化习惯差异的影响较小（相对于画廊、音乐厅等文化设施），所以具有较好的可比性。目前，各宜居城市的公共图书馆数量差异比较大，大多数宜居城市的图书馆数量在100座左右，例如柏林88座，斯德哥尔摩90座，维也纳104座。数量较少的如新加坡只有27座，而数量较多的巴黎竟有1100座图书馆（WCCF，2017）。由于这种巨大差异的存在，因此很难确定宜居城市公共图书馆的应有数量。

宜居城市的文化应当有每一个城市独有的内涵与核心，并把这一核心与各层级的文化服务设施有机结合。

3.1.5 体育设施和场所

各个国家体育设施和场所的供给模式不尽相同。在国内由于城市比较紧凑集中，体育设施主要有赖于政府集中供给。而美国则由于地广人稀的特性，大量住宅皆位于郊区，通常有大量居民自建的家庭运动设施；若需要大型场地的体育运动，主要由俱乐部经营管理和建设。所以就城市中的公共体育设施而言，美国的经验可能没有较好的参考价值，而英国与我国的公共体育设施供给模式比较类似，政府在体育用地规划方面具有主导作用。在此，选取厦门友好城市卡迪夫作为案例，并结合国内其他城市进行对比分析。

目前，卡迪夫的体育设施主要是由两个方面组成：一是社区运动中心；二是与开放空间相结合的公共运动设施。其中社区运动中心由政府在规划中统一布点，确保每一个社区在步行或者骑行范围内可以轻松的到达运动中心。通常情况下，这一中心还承担着其他的一些职能，例如社区信息通知、垃圾袋发放等。不同的社区运动中心也是由不同的机构管理运营，有政府负担运营的，也有非营利性组织运营的，还不乏一些私人运营的。对于与开放空间结合的公共运动设施，卡迪夫将其定义为功能型开放空间，并对所有新开发的地块设立了定量指标，要保证2.43hm^2/千人的最低值，并且这些功能型开放空间要在有条件的情况下提供全时段全功能的服务，满足不同天气条件下居民的使用，以及不同类型的运动需求。卡迪夫将居民的运动主要分为三类，健身、休闲以及娱乐，其中娱乐包括了成年人带孩子在开放空间嬉戏玩耍，所以每一个功能型开放空间都要提供一定的儿童游乐设施。总体而言，针对体育场所的规划和供给，需要考虑的是不仅保证了体育设施和场所在各个居住区的可达性，还需要对体育设施提供的服务进行更为细致的规定，以满足全体居民的差异化需求。

3.2 厦门市现状分析

3.2.1 厦门公共服务设施总体概况

总体而言，厦门各项公共服务设施供给比较充分，覆盖比较全面，与全国其他城市对比有着较好的公共服务水平，但与世界上排名在前的宜居城市相比还存在一定的差距。根据2021年颁布的厦门第七次人口普查公报，厦门常住人口518万人，《厦门市2020年国民经济和社会发展统计公报》的数据显示厦门的建成区面积为397.84km^2，建成区绿化覆盖率为182.95km^2，占建成区总用地的45%，达到大多数宜居城市建成区人均绿化覆盖率水平。厦门有61家医院，千人医疗床位数6张，病床使用率86%，执业医师和执业助理医师总计9953人。以厦门常住人口计算，每千人拥有的医生数约为3.54人，与世界其他宜居城市相比还有一定差距。厦门小学总计302所，平均每名教职工负担学生数为18.32人，与排名靠前宜居城市的20人左右没有差距。中学共有92所，平均每名教职工负担学生数约为12人，相比于其他宜居城市属于优秀水平。厦门文化馆、群艺馆，目前有8个，总数量稍显不足。公共图书馆机构数为10个，虽然数量不是很多，但是厦门市设置的24h自助图书馆对各个社区有着较好的覆盖，基本上可以满足居民步行到达借阅的需求。厦门室外健身公园广场总计2568个，室内健身中心151个，体育场地总数5847处，比之于其他宜居城市也处于比较优秀的水平（厦门统计局，2016）。

3.2.2 厦门公共服务设施可达性评估

厦门宜居城市的研究将选取公园绿地、小学、各级医院、图书馆与运动场作为公共空间、教育设施、医疗设施、文化设施和运动设施进行分析。研究通过公开的高德（地图）数据源，统计厦门岛内这五类公共设施的数量与空间分布，并通过ArcGIS软件分析到达各个公共设施的空间距离，从而得到在步行范围内厦门岛内公共设施空间可达性热力图（图3-4）。

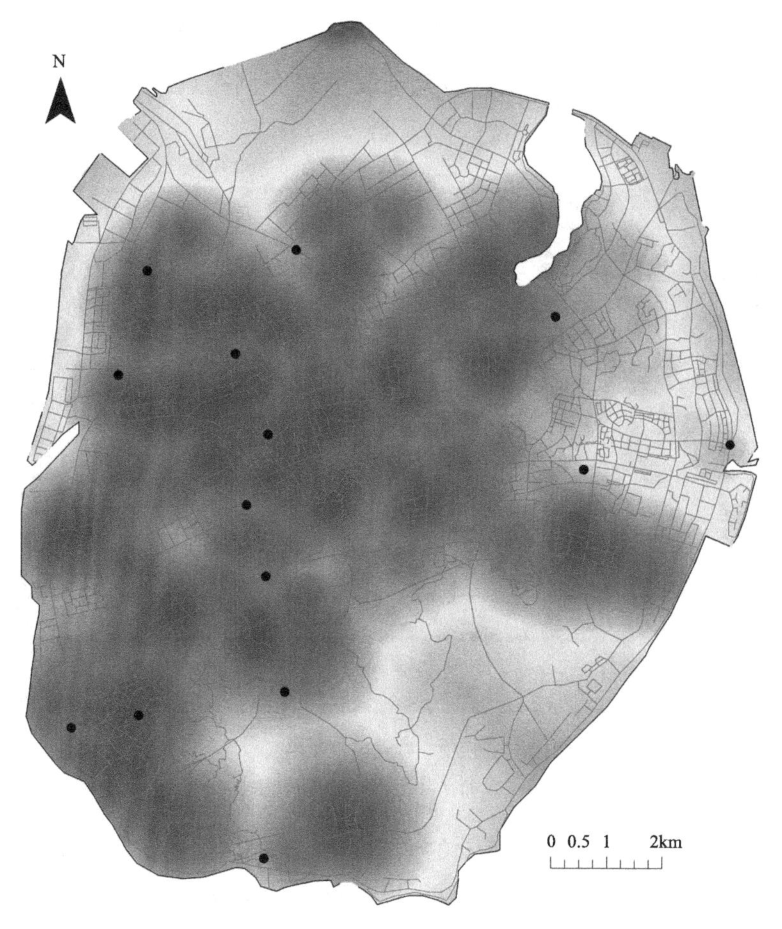

图3-4　厦门公共服务设施客观可达性分析图

资料来源：作者自绘

研究发现，整体而言，厦门岛内大部分区域对于各类公共服务设施的可达性较好，只有北部机场区域以及南部多山地区可达性较差；岛内西部对各类公共设施的可达性优于东部。上述可达性是基于各公共设施的客观存在分析得出的，主要反映的是基于各类公共设施的位置，计算各居住点到各类设施的空间距离。这种客观可达性主要的影响因素为到达各个设施的空间距离，可以客观地展现出各区域到达公共服务设施的便捷性。研究分析的数据说明厦门在城市规划和建设上，能够尽可能实现公共服务设施和空间布局的均等化，也就是在客观程度上实现了各区域获取公共服务设施的便捷性。

但是城市的规划和建设应当把人民对美好生活的向往作为奋斗目标，必须始终把人民利益摆在至高无上的地位。因此当地居民对公共空间和公共服务设施的满意度应当是宜居城市规划和建设的主要目标。因此研究将厦门居民对于公共服务设施的选择和对各类公共设施的可达性的主观意见和满意度作为主要的评估因素。有鉴于此，研究选取了14个调查点进行调研。14个调查点的选取尽可能考虑布局的均衡（图3-5）。

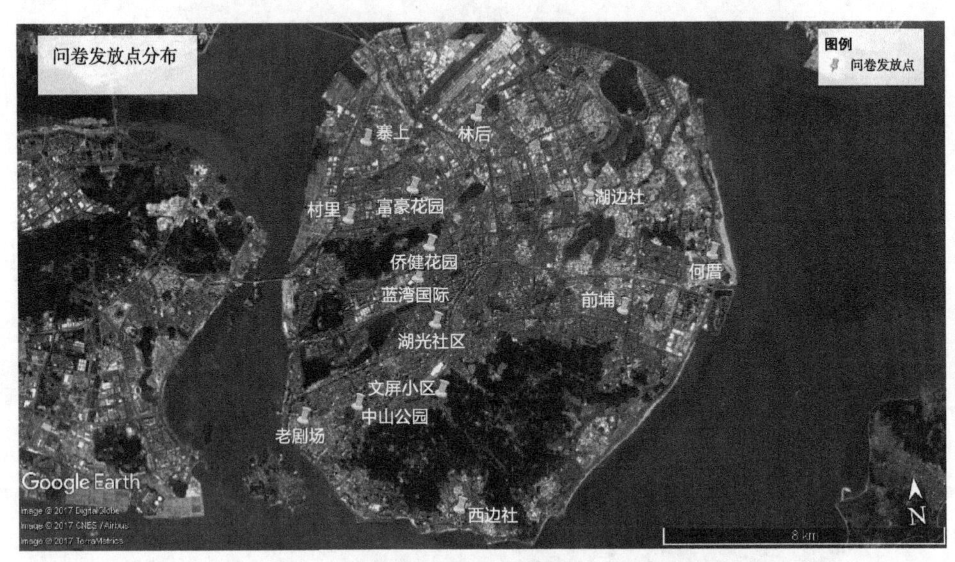

图3-5 调查点分布图

资料来源：Google Earth

根据对14个点居民主观感觉的调研，通过对数据的收集、统计和分析，以及通过量化分析结果，建立定量指标，再结合ArcGIS空间插值，得出了厦门居民对公共空间和公共服务设施服务质量的空间分析图（图3-6）。根据分析图可以发现厦门居民对于公共服务设施的选择和对各类公共设施可达性的主观满意度上与前面提到的客观供给存在一些差距。

图3-6中黑色代表居民在主观感受上认为其居住地到各公共设施的距离近，深灰色代表距离各公共设施的距离远。整体而言，主观感知上各公共服务设施的可达性并没有客观距离那么理想。南部山地为中心的地区公共服务设施可达性较差，以五一文化广场为中心的建成区公共服务设施的可达性评价较好。而主观可达性与客观可达性出现较大差异的区域为湖里区大部分地区。但是主观可达性的评估并不仅受距离这一项因素的影响，还有其他的因素影响了这种差异的产生，具体将在分析中探讨。

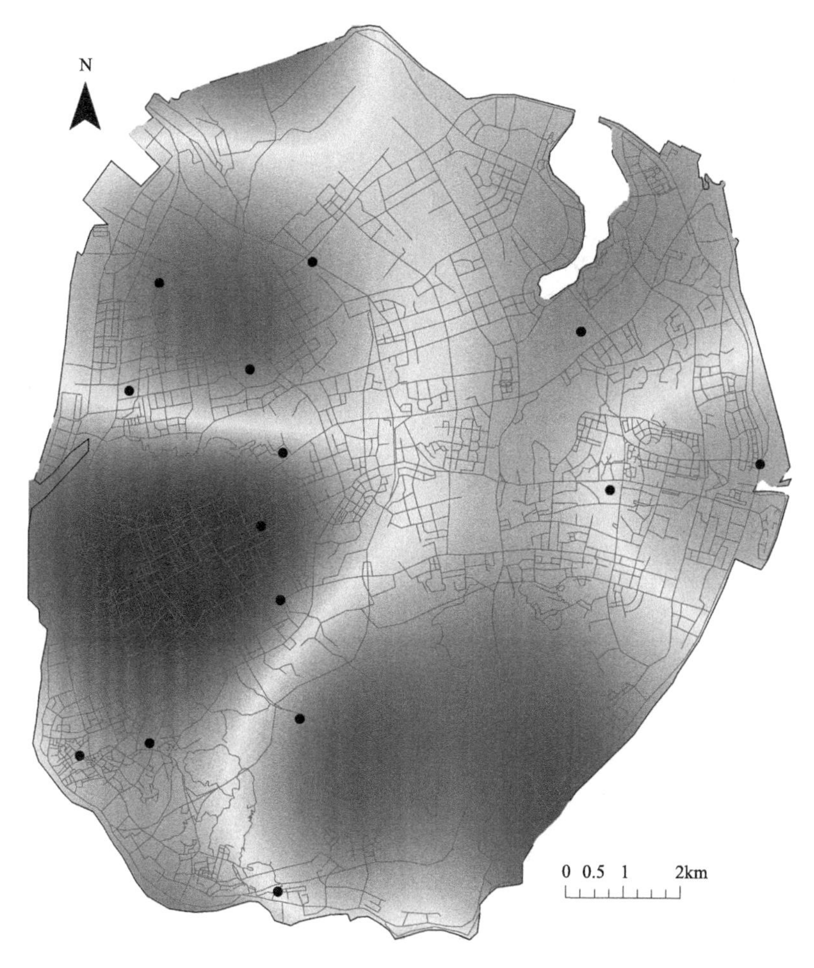

图3-6 厦门公共服务设施主观可达性分析图

资料来源：作者自绘

3.2.3 以宜居角度评估厦门公共服务设施服务质量

研究显示居民主观感知的公共设施服务质量在不同区域还存在一定差异，其空间分布的主要特征与主观可达性满意度的空间分布有一些相似之处。针对厦门的研究发现，居住在以五一文化广场为中心城区的居民对公共服务设施有着较高的质量评价，客观可达性也比较大，两者之间相吻合，但服务质量评价的低点与居民主观可达性的低点却存在一定的不同。例如居住在以寨上地区为中心城区的居民对公共服务质量的评价比较低，但客观可达性却并不低；就厦门岛整体而言，厦门岛北部区域的整体服务质量低于南部区域。

图3-7中，黑色显示调查点居民对其居住区周边的公共设施服务质量满意度高，深灰色代表对其周边公共设施服务质量的满意度低。

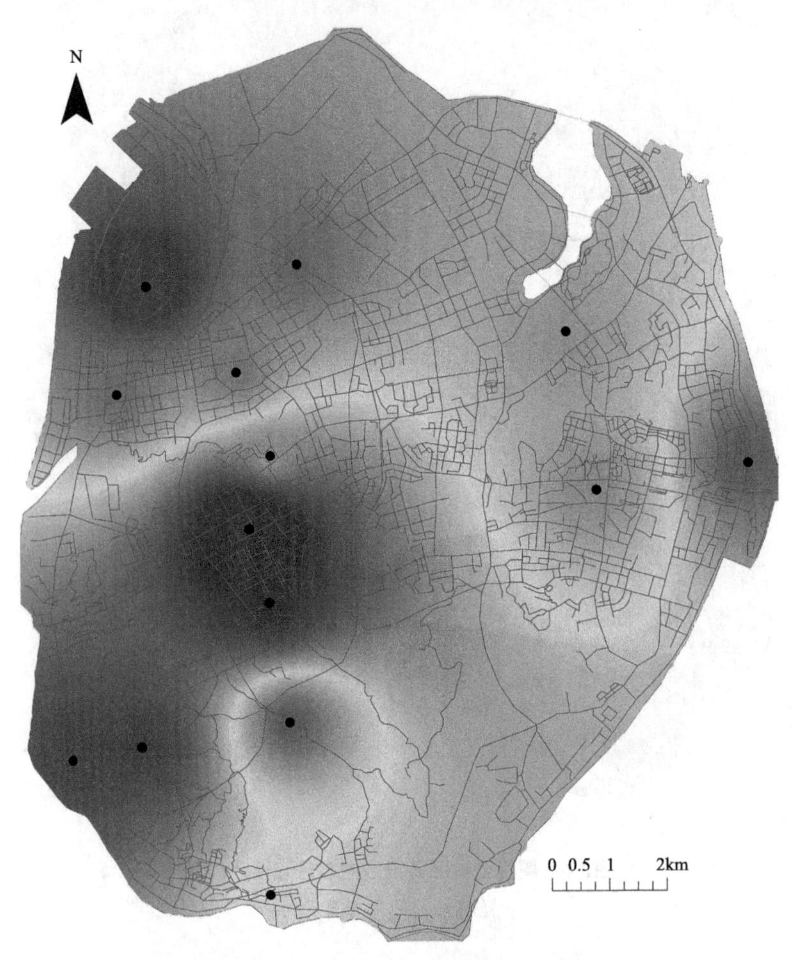

图3-7 厦门公共服务设施服务质量空间分析

资料来源：作者自绘

3.2.4 公园绿地

根据《2019中国绿色城市指数TOP50报告》(新华社，2019)，厦门2018年人均公园绿地为14.1m²，超过了世界卫生组织（WHO）推荐的数值9m²的建议标准。厦门目前的公园绿地建设位于全国前列（图3-8），不过与其他世界发达国家宜居城市的对比，厦门目前的公园绿地建设情况仍有许多地方可以提高改进。

首先，厦门缺少功能型绿地，即各级公园绿地的服务功能不强。大多数公园绿地只能提供较为单一的景观功能和初级的游憩，难以满足居民多种多样的需求。

其次，厦门社区级公园绿地还比较缺乏，尤其是在老旧城区和城中村地区，由于先期规划的缺失，这类地区的公园绿地数量极为不足。虽然在后期有一些大型公园绿地的集中供给，但是由于能够使用的空地有限，在居住区就近步行10min的范围内，很难再建设大、中型公园绿地，为居民提供服务。通过对厦门岛内公园绿地服务范围分析可以发现，有相当一部分居住区距离公园绿地的距离比较远，不适宜步行到达。例如，对公园绿地可达性满意度较低的寨上地区，其距离公园绿地的直线距离就超过了2500m，对普通居民而言则要步行30min以上才能到达。然而，同样对于距离中大型公园距离较远的

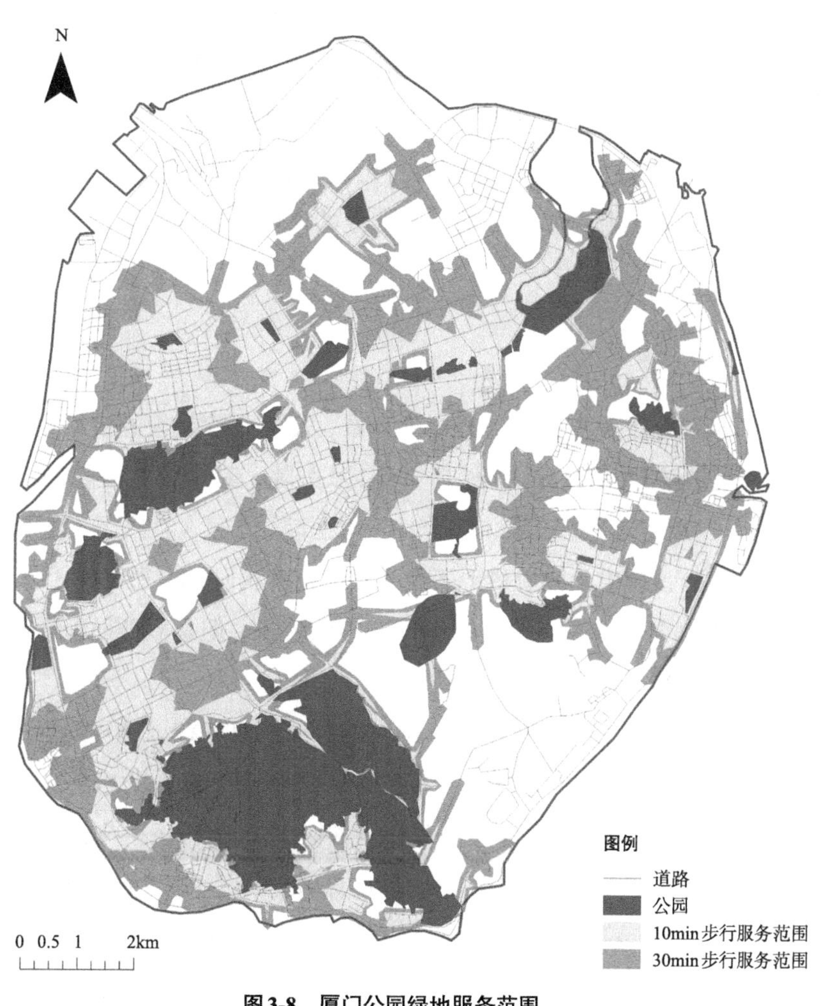

图3-8 厦门公园绿地服务范围

资料来源：作者自绘

湖光社区，其满意率就要高许多。其中一个重要原因就是湖光社区有许多开放式的小区，小区内有社区级的绿地供居民使用，其中不少绿地中还有健身器材等设施，丰富了绿地的功能性。而寨上地区为城中村地区，居民楼之前容纳道路都十分勉强，遑论开阔空间与社区绿地。

值得注意的是，通达性不仅仅表示距离的远近，还需要考虑便利性、舒适型和安全性。城市公园绿地与周边居住区的连接性需要综合考虑这些因素。以厦门为例，厦门目前有部分小区距离公园绿地的距离并不是太远，并且在适宜步行的尺度内，但是居民对其周边公园绿地可达性的评价并不是很高。通过现场观察和进一步分析可以发现，从居住地到公园的道路路况对步行并不友好，存在缺少行道树遮阴，或是人行道狭窄甚至缺失等问题。例如在富豪花园实地的考察中发现，富豪花园距离湖里公园的距离并不远，从小区门口步行至湖里公园仅需800多米。然而这800多米的路程基本上是在了无生气的街道中完成的。这一段路程不仅缺少了行道树，同时也没有沿街的店铺，大多数时候行人都是沿着小区的围墙行走。这种步行环境毫无疑问会降低居民的出行意愿，进而影响了公园绿地可达性的评价。

3.2.5 医疗设施

目前，从医疗卫生相关统计指标上来看，厦门医疗设施的供给距离世界先进宜居城市还有较大的差距。厦门共有61家医院，其中公立医院21个，民营医院42个，三级甲等医院5家，综合性三甲医院仅2家；社区卫生服务中心39个。除去在医疗设施供给的总量上不足之外，在本次研究中还发现了以下问题。

首先，厦门大部分医疗设施的步行可达性较好，但是服务质量还有待进一步的提升（图3-9）。

通过对调研数据分析得出结论，绝大多数居民对医疗设施可达性的满意率要高于其服务质量。调查中得知，大多数居民对医疗设施的服务主要有以下不满意：其一，社区卫生服务中心科室太少，只有全科医生坐诊，对于不便于去大型医院的老年、幼儿以及其他残疾患者群体不太方便，缺少对应的医生坐诊；其二，公立医院过于拥挤，无法为居民提供满意的服务。有不少居民表示，平常倾向于去公立医院看病，不仅是因为医保与价格因素，更是因为比较信任公立医院的诊疗水平。因此，私立医院的服务和功能没有得到发

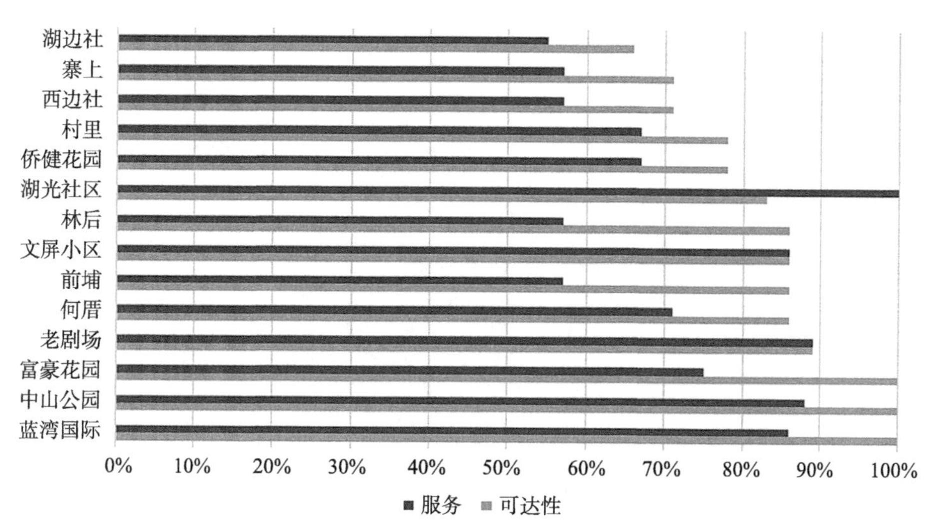

图3-9　居民对医疗设施的满意率

资料来源：作者自制

挥和使用，造成了医疗资源的浪费与公立医疗设施的压力。

就医院的空间布局而言，大部分居民沿主要道路步行15min都可以到达就近医院，绝大部分居住区在步行半小时范围内可以到达就近医院（图3-10）。然而与北京60%的小区在500m范围内有社区医院的密度相比，厦门还是有一定差距。厦门岛内东部医疗设施的可达性目前还不理想，目前有多家医院正在建，日后应该有较大改观。虽然医院在空间布局上比较均等化，但是在医生配给上并没有均等化。因此在医疗资源的供给上还是存在差异的。也正是这种差异造成了前文中提到的居民对医疗设施服务满意度不高的问题。研究调查中发现许多居民会去一些私人小诊所看一些小病，这也是医疗设施可达性评价较高的原因之一。所以私人医疗设施对于公立医疗设施具有一定的补充作用。

居民对医疗设施整体满意度比较低的主要是城中村地区，通过对这些地区居民的进一步采访发现其原因是多方面的。首先，城中村居住密度非常高，主要是外来流动人口，而在公共设施规划供给的过程中，是基于常住人口计算的，这就造成了城中村地区医疗设施供给的不足。其次，外来人口主要以年轻人为主，新生儿数量也比较高。在寨上、湖边社、村里，均有年轻母亲表达了孩子看病难、看病贵等问题。其中一个原因是医保还没能覆盖这些婴幼儿。最后，由于公立医疗设施的供给不足，大量私立医疗机构在这些地区经营，由于其医疗质量良莠不齐，造成对医疗服务的整体评价偏低。

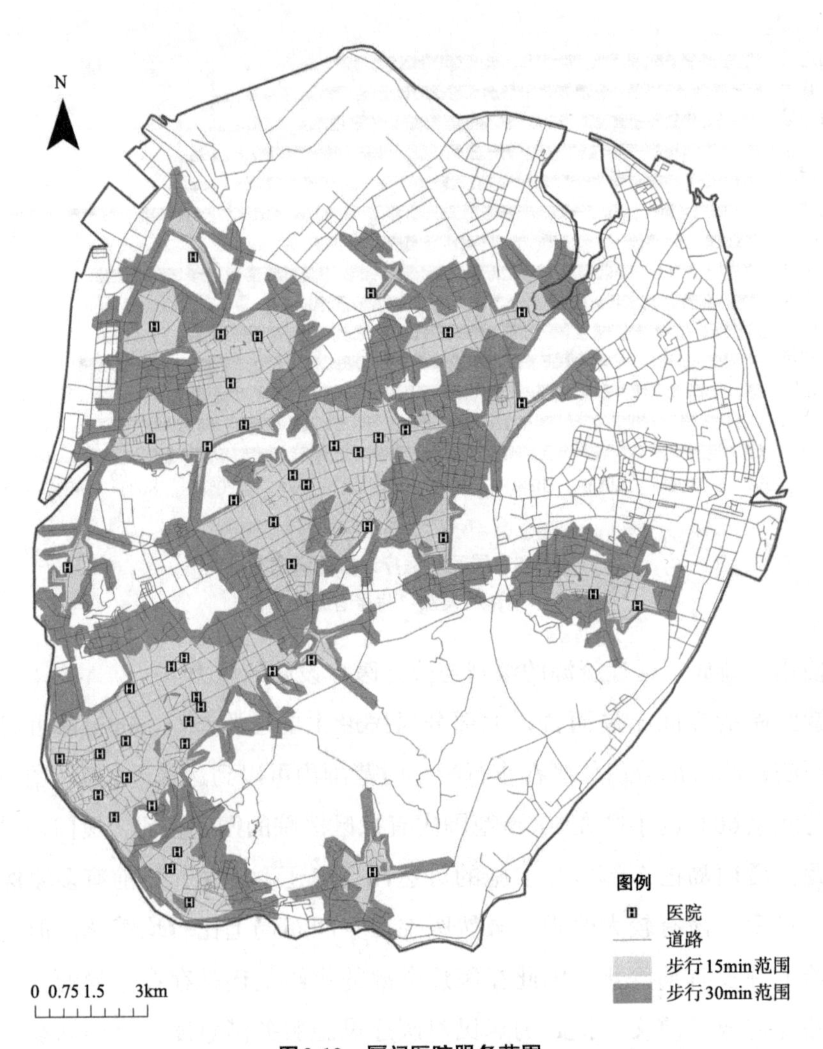

图3-10 厦门医院服务范围

资料来源：作者自绘

注：医院信息来源于高德地图，包括了公立医院与私立医院

3.2.6 学校

对于教育设施的选择是以小学作为研究的对象，其主要原因有二：其一，小学整体上应当具有良好的步行可达性；其二，小学作为初级的教育阶段对各类人群更具有普遍性。从定量指标上来看，厦门小学学生与教师负担比为18.32∶1，比之世界先进宜居城市的15∶1还有一些差距，在师资力量的投入上还需要更进一步。

通过对厦门岛内现状小学的分布进行分析（图3-11），发现厦门基本实现

图3-11　厦门岛小学服务范围

资料来源：作者自绘

了步行半小时范围的小学全覆盖。就小学在空间上的分布密度而言，厦门有着相当不错的表现。厦门岛东部小学的密度较之西部还略差一点。虽然小学空间分布的客观可达性很好，但是居民的主观感受并没有完全满意。例如，文屏小区的调查结果（图3-12）就显示出其周边小学的主观可达性不强。根据进一步采访得知主要原因是因为从该小区去往附近小学的步行环境不甚友好，主要是沿着一条车流量较大的主干道，家长对孩子独立上下学的安全比较担心。

根据调查结果可以看出，厦门大多数居民认为小学的可达性不错，但是对小学的服务质量满意度不高。究其原因，是因为对于一部分居民而言，小学

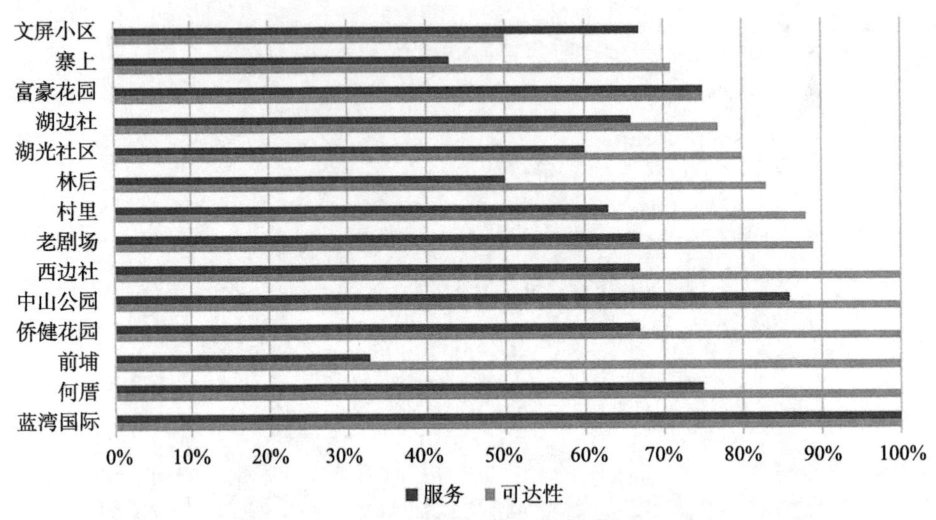

图3-12 居民对小学的满意率

资料来源：作者自制

入学十分困难，尤其是居住在热门小学学区的外来居民与城中村居民，其子女由于积分不足等问题难以实现就近入学。造成这个问题的主要原因还是由于教育资源供给的不均衡进而带来的择校问题产生的。由此可见，厦门目前的教育资源在空间布局的均等化上有不错的成绩，但是对于师资力量等教育资源的空间分配还有改进的空间。由于外来务工人员的积分不足，甚至是没有居住证等问题，大量外来人员的子女无法就读厦门的公立小学，故而不得不将子女送至私立学校学习。然而私立学校的办学质量良莠不齐，有的私立小学无法按照标准配置运动场所、实验设备，从而加大了公立教育与私立教育的质量差异。长此以往，不仅影响外来人口的幸福感与归属感，更是加剧了阶层隔离，使城市的宜居性遭受损失。

根据对医疗卫生设施和教育设施的研究和分析表明，厦门在城中村的公共服务上存在相对较大的缺位。新时期中国特色的社会主义建设提倡“必须始终把人民利益摆在至高无上的地位，让改革发展成果更多更公平惠及全体人民，朝着实现全体人民共同富裕不断迈进”，因而改善城中村的公共服务应当是厦门建设宜居城市，提高人民生活水平的重要任务。

3.2.7 图书馆

针对文化设施的分布，厦门宜居城市的研究以图书馆为代表。考虑到我国现阶段的发展水平与历史文化背景，我国多数城市很难做到像西方城市一样拥有众多的画廊与音乐厅。而图书馆是一种比较基础的文化设施，不论在哪一种文化背景都有比较好的生存土壤，适合横向比较，并有不错的经验可以借鉴。目前从总体上来看，厦门图书馆机构数有10个，24h自助图书馆数量较多约有78个（2020），并且数量还在增加中。比之于其他主流的世界宜居城市，如维也纳、柏林等，厦门图书馆的平均值还是有一些差距，需要进一步增加公共图书馆的数量与覆盖范围。

通过对目前厦门岛内的公共图书馆进行空间可达性分析（图3-13），发现目前大多数居住区都可以在步行15min范围内到达（包括24h自助图书馆）。

图3-13 厦门图书馆服务范围

资料来源：作者自绘

以步行30min为标准目前厦门的图书馆基本可以实现岛内居住区的全覆盖。在图书馆的空间布局均等化上厦门有着相当不错的表现。虽然空间布局上颇有建树，但是在图书馆与其他文化设施的服务上还存在一些问题。

首先，与其他公共设施调查结果类似，作为文化设施的一种（图3-14），居民对图书馆可达性的满意度要高于对其服务质量的满意度。通过对数据的归纳分析，可以了解具体的原因。目前缺乏多样化的文化设施，满足广大居民的多种文化需求。这标志着厦门宜居城市在文化设施的供给开始从“有没有”向“好不好”转变。目前针对中、老年人的文化设施比较普及，基本上每一个社区都有老年人活动中心，老年人对文化设施的满意率较高的调查结果也符合预期，而青年人对文化设施的满意率就要低许多。

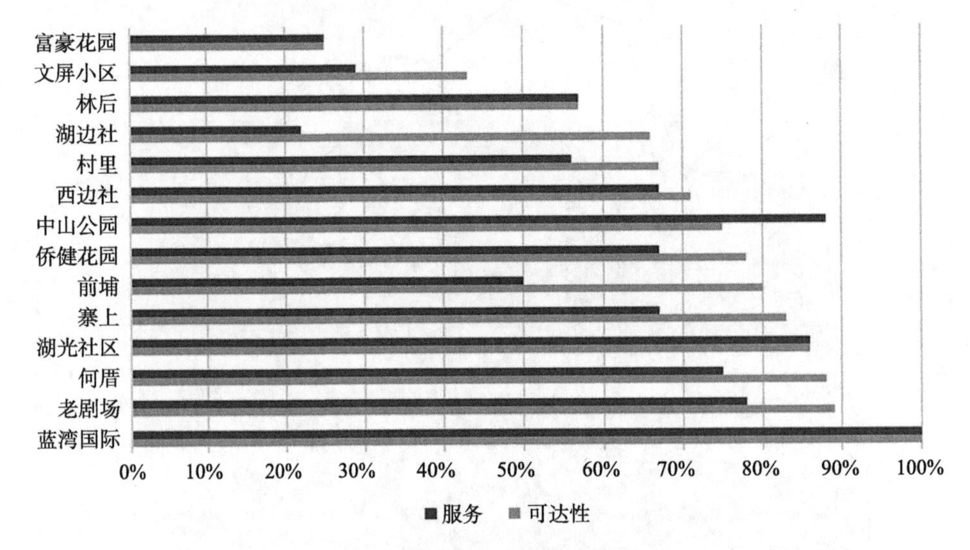

图3-14 文化设施满意度调查

资料来源：作者自制

青年人较之中、老年人对文化设施的理解和需求比较多样化，不仅仅局限于传统的图书阅览、棋牌娱乐等服务，还囊括了演出展览、电影游戏等。所以目前的文化设施只能满足其一部分的文化需求。

其次，正是由于不同群体文化需求的差异，遍布厦门的自助图书馆受规模的限制，难以提供多种多样的书籍以满足不同居民的差异化需求。很多居民表示，目前他们通常会去总馆借阅自己想看的书籍，使用自助图书馆归还书籍，居民们希望可以增强自助图书馆书籍的更新与传阅，为他们提供更大的便利性。

最后，厦门的旅游业比较发达，目前已经形成了一定规模的旅游文化街或旅游文化村落，如曾厝垵、沙坡尾等。在其附近居住区调研时发现，由于可以共享一部分的旅游文化资源，居民对其周边文化设施的满意度相对较高，尤其是年轻的群体。这些年轻人表示会在闲暇时刻去一些位于旅游区的书店，进行文化活动。除此之外，在市中心居住的年轻人也表示商业设施中的文化设施满足了其主要的文化需求，如电影院、KTV等。因而，就文化设施的供给而言，除了政府统一供给的公共文化设施，私人拥有的文化设施也是公众所能接近的文化设施，因此应当在规划中统筹考虑。

3.2.8 运动场所

根据统计数据可知厦门的体育运动场所丰富，不仅数量充足，而且类型多样。然而对居民主观意愿和可达性的调查结果却并不十分理想。这一选项是被调查的五类公共设施中主观评价最差的一类。

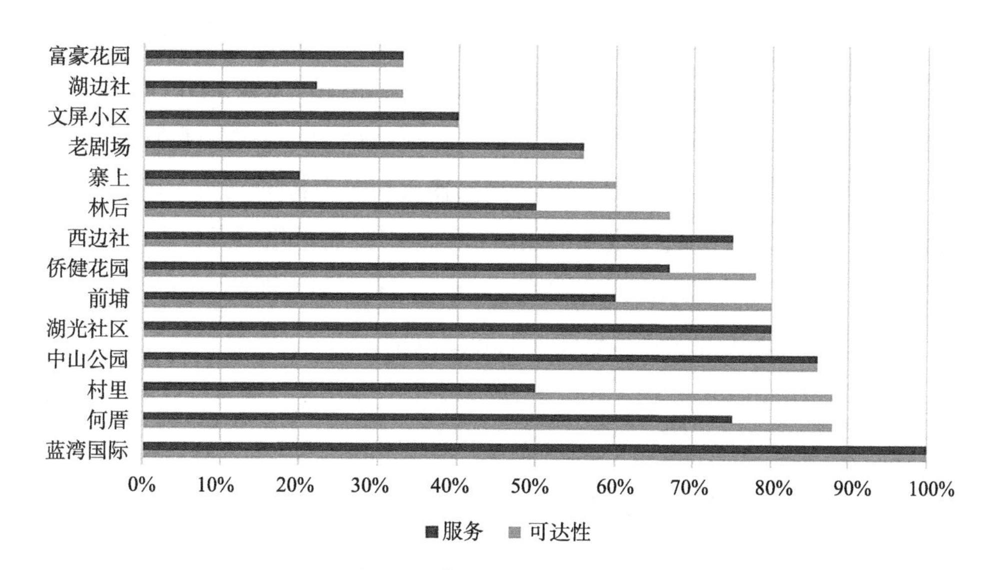

图3-15 体育设施满意度调查

资料来源：作者自制

调研的结论发现，有接近三分之一的调查点对体育设施的满意率低于60%（图3-15）。根据进一步调研和分析发现主要原因有两点：第一，部分体育设施开放程度不足。例如在前埔片区调研中发现，前埔体育运动公园有足球场、篮球场、羽毛球场等场地，但是场地都被铁丝网围挡并大门紧锁，许多居民不得不在可见却不可进的球场外进行体育锻炼。调研还发现，这些场地需要提前预约并且有一定的人数限制，而且必须是团体才可以预约使用。这就使得零星的使用者无法使用为公共提供服务的运动设施。第二，部分对外开放的运动场馆，使用时间不均衡，傍晚时段使用人数过多。由于夏季厦门天气炎热，日间运动的人数不多，所以在日间体育设施闲置，日落后大量使用者集聚在运动场所，造成了运动设施使用过于拥挤。同样的，周末时段体育设施需求旺盛。由于周内许多年轻人忙于工作无暇进行运动，周末时段由于运动场由于使用人数过于集中，也造成了使用体验的下降。

研究通过网络可获取的卫星遥感影片对厦门岛内的运动场地（包括篮球场、足球场、排球场、羽毛球场、网球场）进行了辨别与判读，然后将这些运动场定点到GIS系统中，进行了基于路径的可达性分析，得到相关的布局结果（图3-16）。

从空间布局来看，运动场地是五类公共设施中密度最大，步行可达范围最广的，与体育设施最低的居民主观评价形成了鲜明的对比。这种落差的原因是目前运动场所没有完全向公众开放，其中大部分运动场是中、小学配备的操场，而这一部分场地是普通民众难以接近的。由此可见，城市中该类公共资源的配置或是供给数量是充足的，然而由于这部分公共资源在管理的过程中，为了降低管理成本，排除了部分居民接近相关资源的机会。这就导致了城市内部一些可以作为公共设施的供给过剩，但是需求仍旧无法满足的状况。由于管理上的原因，致使公共资源的供给与需求之间不匹配，从而带来大量资金、土地和设施未能发挥最佳效能而导致浪费。

3.3 宜居城市公共空间与公共服务设施提升路径对策

根据目前中国的发展阶段，总体而言厦门主要公共服务设施的空间布局较为合理，公共设施密度也能够基本满足大多数居民的日常生活需求。但是以世界先进宜居城市的标准来度量，厦门公共服务设施在布局与服务质量还都有一定的差距。对厦门公共设施的空间布局进一步地分析，可以发现厦门的公共服务设施的空间供给也多少受到了“反比例服务法则”的影响，即公共服

图3-16 运动场所服务范围

资料来源：作者自绘

务设施的供给与需求呈反比例变化的趋势，其空间分布表现为对高收入更为有利。在西方市场机制参与公共设施的情况下，这一法则被屡次证明，越需要得到相应社会关怀的人士反而得到了最少的社会资源。对于厦门，该法则在市场化比较完善的文化设施领域（如电影院、书店等）表现明显，如缺少文化设施的城中村地区反而很难获得新的文化设施。萨缪尔森也曾对市场供给的公共服务进行了批判，认为公共服务具有非排他性与非竞争性，市场机制在公共服务领域很难保证公平。目前，厦门公共设施主要由政府供给，应当较小地受该法则的影响，然而在医疗、教育等公共服务上也表现出了类似的"反比例服务法则"。这是由于政府不仅仅是公共设施的供给者，也是城市土地市场上的卖家，从某种意义上来看，公共设施成为附属在土地市场上的一种产品，而政府较深的卷入了土地市场之中，所以优秀医疗设施、教育设施的供给也集中于土地价格较高的区域。这部分是由于政府对土地资源高度垄断的供给行为导致公共服务设施供给到不平衡。因此市场机制的公共服务虽然有机会提高公共服务的配置效率，但是很难保证公共服务设施的空间布局和使用的公平性。这是从公共服务设施的供给角度来讨论。若从居民公共服务选择的角度考虑，也会产生类似的过程，因为收入较高的阶层更有条件迁移到公共服务设施较好的区域。长此以往，公共服务较好的区域就聚居了大量的高、中收入阶层，该区域的房价、物价也会因此而提高，因而原本居住在此地的中、下阶层居民因无法承担日益高涨的生活成本而不得不迁出这一区域，这种挤出效应在厦门也是存在的。从供给和需求两个角度来看，城市公共服务设施的空间布局与使用最终都趋向于不均衡。然而，厦门目前虽然在公共设施空间布局的均衡性上表现还是比较不错的，但是在公共设施的服务内容上已经出现了一些差异。所以从总体上来看，厦门应当在公共设施的服务质量上逐渐减小城市内部各区域的差异，而不仅是在总体指标层面上的提升。

西方国家也曾经有过以上问题，西方城市规划学界曾展开众多的思考与探索，先后提出了“公共服务双主体联合供给理论”和“公共服务多元供给理论”，即改变公共服务政府供给体制，实现公共服务供给的多元化。这一理论主要利用市场机制满足公众需求，构建政府和私营部门合作的公共服务联合供给机制。比较典型的方式就是政府购买服务，政府根据私营部门的服务质量支付费用，同时用合同约束机制督促私营部门按照规定进行公共物品的生产和供给，以确保公平性。还有一种方式是采取引入第三方机构，即公共部门与非营利性组织互动合作提供公共服务。这种方式主要是在市场失效与政府供给不足的情况下使用，因为非营利组织不会为了追求利润而降低服务质量，也不会因为追求利润而提高使用门槛，所以政府与第三部门的合作模式在西方国家受认可的程度较高。

针对厦门公共设施目前的状况，为了达到宜居城市公共服务设施的标准，一方面需要增加公共服务设施的供给，另一方面要优化现有设施的服务。结合我国国情与其他国家的经验，可以采取以下措施。

3.3.1 宏观政策

宏观政策上，应当积极拓展公共服务设施的供给渠道和供给制改革。破除公共服务设施的政府供给模式，放宽公共服务的准入政策，从而发挥出非公资本的优势，最终实现公共服务设施供给主体的多元化。这种改变有助于增强公共服务的活力，提升公共服务的质量，从而使城市具备更佳的宜居性。但同时需要提高对现有市场机制的公共服务设施之监管水平，减少市场机制下潜在的市场失效风险，在兼顾效率的同时，也发挥出公共服务设施的公平性。如此有助于公共服务更为全面地覆盖，尤其是对弱势群体和底层人民的生活质量有着进一步的保证。

根据不同公共服务设施的经济属性特征确定公共服务的市场化范围，对于核心公共服务设施（如医疗设施和教育设施）应当由政府承担主要责任，杜绝非公服务因其趋利的本能而损害社会公正。可以通过提高并保证公共服务设施规划、运营过程中的居民参与，及时了解居民的需求，在满足居民需求的基础上，实现提高城市公共服务设施的使用公平性。

以厦门为案例，在宏观政策方针的引导下，针对研究中涉及的五类公共服务设施，需要制定出详细的措施和路径，以及具体的实施技术路线。

3.3.2 厦门公共空间供给措施的技术路线

丰富大型城市公园的服务功能。在仙岳山、狐尾山、梧村山等山地公园，结合其地形，增加服务功能。如在山脚处修建小型游憩广场，体育健身设施；在山顶处可结合现有的一些宗教设施开辟其文化功能。在空间形态上丰富这些山地为主体的公园，减少用途的单一性，丰富公园形态的多样性，进而加强使用功能的多样化。在市区内的白鹭洲公园、南湖公园、中山公园等城市公园，应当进一步参考周围居民意愿，丰富公园服务，弱化单一的游园性质。这类公园应当充分考虑不同时段活动的设施兼容性，如在早间可供老人晨练，午间可供孩童嬉戏，晚间可供青年运动，增强有限公共空间的使用效率。

优化公共空间的管理运营。对于大型的公共空间充分发挥市域范围内的吸引力。通过更优质的运营管理，吸引更多样的服务与之结合，如举办音乐节等大型文化户外文化活动。可以使用政府提供场地、市场提供服务等灵活方式为城市中心级的公共空间增加活力，吸引人气。公共空间服务边界拓展的过程中，也可以提升居民对公共空间的感知，公共空间的吸引力越强，那么其主观可达性也就越强。所以在土地资源比较稀缺的厦门，通过增强优化公共空间的运营，增强其对市民的吸引力，也是一种增强其可达性的方式。

增加社区级功能型绿地。厦门岛内地区的众多居住小区缺乏功能型社区绿地，这类功能型绿地可以满足相当一部分居民对公共空间的使用需求。目前社区级绿地多以景观绿地为主，应当通过更精细的设计，增强当下社区绿地的运动、社交、游憩等功能。可以将不同楼宇间的绿地分别增加相应的设施，从而改建成不同功能的社区绿地。如对部分绿地可以修建健身器材，还可以增加阳伞坐席，或对部分绿地改为沙地等儿童游戏场所，而对社区功能型绿地的改建应当根据小区居民缺失的需求而酌情实施。对经济条件较好的小区，可以改地面停车位立体停车，增加地面社区绿地面积；针对新开发楼盘，以及拆旧建新的旧城改造项目，可以酌情对屋顶绿化，空中花园等立体公共空间进行奖励；对于老旧小区的更新可以延续共同缔造项目，采取以奖代补的形式逐步增加社区绿地。

强化和精细化城市设计，完善公共空间与居住小区的连结性。由于步行环境的不友好会损害公共空间的可达性，因此在城市道路建设的同时，应当考虑到道路也是一种公共空间，其与小区的公共空间与绿地之间应当具有一定连贯的联系，不能成为两处宜人空间的阻隔。在能够为行人提供遮蔽的情况下应当尽力提供较好的步行环境，夜间也应当提供良好的照明，以保证行人的出行安全。

3.3.3 医疗设施的供给措施技术路线

完善医疗设施的分级诊疗制度。目前虽然也有分级诊疗，但是并没有强制性，所以患者与医疗资源还是向大医院集中，缺乏对基层医疗设施的有效利用，因此基层医疗的质量也难以提高，如此形成了一个恶性循环。对于这一问题，应当加强医疗的分级诊疗的强制性，如不是急症，应当由基层医疗机构首诊，避免高等级医院的病患过于集中，医疗压力过大。

医疗资源的配给与城市规划进一步结合。因为城市中的人口是不断流动和变化的，医疗设施的使用会随着其服务范围人口类型的变化而改变。所以，医疗资源的配给应当随着其服务区人口特征的变化而及时调整乃至提前调整。例如，在老城区老龄化的大趋势下，应当增加老城区基层医疗机构老年病医生数量与护理人员数量，而新城区居住的青年人比例较高，其基层诊疗机构应当配备一定儿科医生。

加强私立医院的监管和服务。厦门目前虽然有部分私立医院作为对公共医疗设施的补充，但是并没有发挥其应有的职能。在居民倾向于去公立医院的情况下，私立医院成为“鸡肋”。因此，应当从医疗体制上进行可能的改变，提高公立与私立医院之间医疗资源的流动，提升私立医院的服务质量，使两者医疗服务逐渐同质化，从而发挥出私立医院该有的服务功能。对于经营不规范的私立医院应当及时处理，依法取缔。另外，可以考虑建立第三方非营利性组织经营非公立医院，并接入医疗教育高等学校，以增加医疗人力资源的供给。

对于基层医疗设施，考虑将私人诊所纳入医疗保障体系的可能性。由于私人诊所的广泛存在，极大地方便了居民日常小病的诊治。如有可能性，可以把私人诊所接入医疗保障体系，从而提高医疗保障体系的覆盖范围。

3.3.4 教育设施的供给措施技术路线

完善各中、小学周边的城市设计。目前厦门岛内教育资源的空间布局比较合理，其主观可达性与空间可达性的主要落差在于步行环境以及骑行环境的不佳。针对中小学设施首先应当提升其周边步行环境的安全性，对于主干道周围的中、小学，应当增加人车分流的过街设施，对于支路周围的中、小学，应当设立警示灯、牌等设施，保障学生的过街安全。从居住区到各中、小学的路径上，应当保证行人的路权与步行空间，减少非机动车、机动车泊车对步行的干扰。有条件增加非机动车的路段应当从机动车道上划分板块、增设为非机动车道。中、小学这类教育设施的使用主体为未成年人，主要到达方式为步行，不可仅用机动车通勤的思维设计教育设施周边的城市环境。

动态调整教育设施和服务的供给，确保学生就近入学。教育服务设施受其服务区域人口结构影响巨大，根据人口结构变化，主要是学龄儿童的变化，及时调整教育服务的供给和设施的布局。在设施布局难以变动的情况下，应当考虑其他措施满足低供给地区的高需求，如提供校车等方式，从而降低居民入学的通勤成本，让居民在感觉并认可就近教育设施的可达性。对于有条件设立改变布局的地区，应当根据人口结构及时调整办学结构，以优化整体的设施布局。例如，部分地区主要入学学生为低年级组，则可以增设低年级班级，减少高年级办学，与其他学校协同互补，提升居民就近入学的可能性。

增强师资等其他教育资源的区域流动，减小教育质量的空间不均衡。义务阶段应当保证各教育设施教育质量的均等化，降低学区房等外部成本，从而保证各区域居民入学的公平性。可以考虑义务教育阶段教师的轮岗制度，在每所学校任教时间不超过6年，以平衡各个学校之间的师资差距。

加强私立教育设施的监管与建设。目前城中村地区还存在一部分民办教育设施，由于资金、场地、教师等原因的限制，使得这部分教育设施难以与公办教育均等化，这使得城中村地区对城市公共设施的满意率较低。因此，很有必要通过监管和一些相应的奖励政策提升私立教育的质量与服务能力，从而在公立教育缺失的区域发挥良好的补偿作用。可以通过教师联合培训，教师集体备课，体育馆和实验室共享等方式提高私立教育教学水平。并且对私立教育设立健全的监督机制，杜绝市场体系下私立教育过分谋取利益，损害学生权益。

3.3.5 文化的供给措施技术路线

拓宽文化设施的供给主体。当前厦门有着较好的基层文化设施布局，其他文化设施的市场供给也日益丰富。文化设施又因其多样性，应当有多种供给主体以满足日益丰富的文化需求。比较理想的形式是发挥非公共资本的优势，市场供给容纳文化设施的场所，社会提供文化服务的内容，政府实施文化设施的监管。文化部门与规划部门应当积极合作，主动打造街道级文化中心。可以在有条件的商业中心、中学或者公园等地设立街道级文化中心，鼓励社会大众提供文化内容。

加强公众参与，有针对性地提供文化设施。在文化设施供给之前，应当充分了解民众的需求，听取民众意见，结合民众意见，供给合适的文化设施。如老旧城区老龄人口聚居区域，应当适度增加戏剧演出场所等老年人青睐的文化活动形式；对儿童比例较高的居住区，应当适度增加青少年图书馆等文化场所，从而减少文化设施的供给未能解决居民需求的资源浪费。

公共文化服务设施可与厦门旅游资源寻求结合。厦门的城市旅游非常发达，其特色与招牌是独特的侨乡文化与闽南文化，众多旅游资源是依托于厦门的特色文化发展而来的。目前中山路、曾厝垵、沙坡尾等地已经形成了颇具规模的“慢”文化，很多商家也大打文化牌，开设了许多具有一定文化服务功能的私有设施，如提供咖啡或餐饮的复合式图书馆或书店等。目前，这种文化活动场所已经起到了一定的公共文化服务作用，尤其是对年轻群体。

3.3.6 体育的供给措施技术路线

逐步开放中小学与企事业单位的运动场所和设施。厦门岛内并不缺少体育运动场馆和设施，而居民却表示缺少体育运动场所，其主要原因是大量的运动设施没有向公众开放。所以厦门的中小学以及企事业单位，在不影响正常工作学习的情况下，应当在政策的积极引导下，逐步有条件地向公众开放，主要开放时段应为周末时段，部分小学还可以考虑放学后晚间时段。如果这些运动设施可以较好地对公众开放，运动设施的可达性将大为改善。

重视市场供给的体育设施。目前市场上有健身会所、游泳场馆等私立运动设施，虽然其收费不菲，但是仍然为部分居民提供着比较高质量的体育运动场所及服务，尤其是在高档社区周边，以及市中心商业综合体内部。在体育设施规划时，应将此类设施统筹考虑，对此类设施比较密集的区域，可以适当减少公共体育设施的供给，避免反比例法则带来的负面效应，以及公共体育资源的浪费。

4 宜居的生态环境

4.1 宜居城市与环境

1961年，世界卫生组织正式提出了环境宜居性，认为环境宜居性由健康、安全、舒适和便利四类要素组成。也有学者认为城市生态环境是指在自然环境的基础上，按人的意志，经人类加工改造形成的、适于人类生存和发展的人工环境，既不单纯是自然环境，也不单纯是社会环境（李丽萍、郭宝华，2006）。它是人类生存和发展的基本条件，是经济、社会发展的基础。基于宜居理念的生态环境本质是把城市改善成为具有良好的气候条件及与自然相和谐的生态景观，适宜人们居住的城市，让居住在城市中的居民能够享有蓝天碧水，呼吸新鲜的空气，饮用清洁的水。宜居城市生态环境的总体目标在于让城市与自然环境相结合，使城市环境得到最大限度保护，城市环境中包含的物质、能量、信息、价值流得到高效利用，协调好城市现代化发展与自然系统的关系，维持城市生态系统的自我调节，自我修复和自我维护功能，实现居民与城市生态环境和谐共存（刘国民，2010）。宜居城市的生态环境建设最终的直接受益者是生活在这座城市中的居民，使居民们有一个良好的学习、生活和工作的环境。通常宜居性较高的城市的生态环境可具体表现为：有充足的可再生资源和可循环利用的体系，低指数的空气、水和噪声的污染，现代的城市绿化，以及健全的生态建设和环境保护法律法规体系，因此宜居城市生态环境核心要素是水，空气和噪声（杨静怡等，2010）。清新的空气是健康生活的第一要素，良好的水质是宜居生活的基本保证，噪声减少可以提升居民生活品质。

4.2 宜居城市生态环境规划准则

4.2.1 考虑自然环境差异性

由于自然条件以及水、土地资源要素禀赋结构的不同，每个城市在选择适合本城市的宜居建设模式时必须要结合自身的资源特点（刘国民，2010）。另外，从城市的总体层面来说，由于城市规模与格局带来的宜居度低的问题，导致了中、微观层面环境品质低等问题的原因明显不同，因此解决手段也存在空间尺度和机制的巨大差异。以宜居城市的环境绿化建设为例，由于各地气候条件差异相当明显，城市绿地系统和生态环境规划应当因地制宜确定绿地的数量和绿化覆盖率的标准，选择适宜生长的植物品种（杨静怡等，2010）。植物对环境条件有严格的选择性，每种植物都有自身的生长习性，有的喜光，有的耐阴；有的喜湿润肥沃，有的耐干旱瘠薄；有的抗污染能力强。

选择最适合当地气候及土壤的植物是环境植物规划的根本所在。城市具有特殊的小气候及土壤条件，对植物的选择要求较为苛刻，要求既能够忍耐城市街道强烈的辐射热，又能忍耐瘠薄的土壤。在城市中，不同的地段，其自然条件必定各不相同，绿化建设应当适应利用这种差异，形成各具特色的人工群落类型，以丰富城市景观（陶林、高琦，2010）。

4.2.2 强化整体环境优化的发展

宜居城市生态环境的规划目标不仅仅是生态系统结构的最优化，更是将生态环境与整个社会经济相结合，实现整体效益的最优化（李迪华，2002）。城市环境总体规划的核心问题是处理好规模、结构和布局问题。规模涉及城市人口、经济、用地规模；结构涉及人口、经济、能源和用地等结构；布局涉及产业、人口及生态保护布局等（Sakamoto、Fukui，2004）。宜居城市环境规划的立足点和着力点是限制、优化、调整，是从环境资源、生态约束条件角度为城市经济社会发展规划、城市总体规划、土地利用总体规划提出限制要求，是资源环境承载力约束下的城市发展规模与结构优化，是基于生态适宜性分区的城市布局优化调整，通过划定并严守生态线以限制无序开发（董伟，2014）。宜居城市中不同区域中各种单项的规划都要考虑到它的全面影响和综合效益（董晓峰等，2009）。以宜居城市声环境保护规划为例，在主要干道增设隔离设施，改善路况，完善交通信号标识的基础上，可再建造以乔木、灌木和草地相结合的一个连续且密集的隔声带。在规划和建设道路隔声带时，还应当将城市绿化的设计理念融入其中。发挥植物对车辆尾气的稀释作用，并且增强城市景观美观性，在隔绝噪声的同时也增强了绿化效益，尽量达到了整体效益最优（尹忠东等，2006）。宜居城市规划体系中的所有规划都不具有排他性和竞争性，而是具有和谐性和共融性，在相互衔接的基础上相辅相成。因此，在城市规划体系中，要用市场手段激发经济社会和环保工作的活力；要用行政、技术、法律等手段为城市环境管理工作提供动力；通过基于社会的治理机制体制改革，把环境保护融入城市经济社会管理大局之中（Appleyard，1980）。

4.2.3 建设功能高效的生态系统

宜居生态环境规划的目的之一是将规划区域建设成一个功能高效的生态系统，将物质和能源得到多层分级利用，实现废物循环再生，能源的损失最小化，物质利用率的最大化，从而发挥最大经济效益以提升城市宜居性。

通过深入解析城市环境系统和中、长期环境形势分析，找出相对应的高效举措。对城市经济社会发展中出现的环境问题要望闻问切，通过号脉辨病找到关键症候，并研究提出解决方案；通过科学合理地配置环境资源，将有限的环境容量配置到最需要发展、最能带动全局发展、最能促进快速发展的区域和行业，推动形成经济、生态、社会效益高的绿色产业格局（Daniels、Daniels，2003）。突出处理好刚性约束与弹性把控的关系，特别是妥善处理和安排好容量、总量、质量、风险之间的关系，做好生态红线、资源消耗上线和生态环境容量底线等概念范畴与制度安排。以水系统规划为例，优质水和地下水的供给关系人民健康的生活用水、蔬菜用水和淡水养殖用水，将经过改良处理的中水供应给农业灌溉、市政杂用或者环境用水（绿化造林，恢复湿地），但是对于含有一类污染物的工业废水必须严格管理，禁止其进入农田生态系统，并采用合适的污水处理工艺将污染程度最小化（Gottlieb等，2006）。

4.3 国际宜居城市环境经验的分析与借鉴——新加坡

位于马来半岛最南端的新加坡素有“花园城市”的美誉，是世界上最适宜居住的城市之一，东西方的文化交汇融合，现代化的城市建设，良好的治安，清新的空气，高密度的城市绿化，整洁的街道，美丽的海岛风光，以及高品质的生活，使得新加坡成为很多人希望定居的理想城市。

4.3.1 空气环境的保护措施

近几年来，由于新加坡的快速发展，与世界上许多其他主要城市一样，工业和机动车辆的空气排放成为新加坡国内空气污染的两个主要来源。陆地和森林火灾的越境烟雾是每年8—10月期间西南季候风期间，间歇性影响新加坡空气质量的问题。新加坡政府为了解决这个问题，综合了城乡规划的作用和发展管理的功能，在规划阶段就开始实施预防性空气污染治理措施。此外，立法和严格的执法方案，强化对空气质量的监测，以及严格控制排放标准（表4-1）都有助于确保好的空气质量，使新加坡比亚洲许多城市的空气质量更好，新加坡的空气质素一致保持在较好的水平（表4-2），并不低于美国和欧洲城市。新加坡政府相关部门也一直保持积极态度，其空气污染指标（PSI-Pollutant Standards Index）自2014年以来就一直保持在97%的“优”和“良”范围内。

新加坡各类空气污染物针对性治理措施　　表4-1

污染物	措施
二氧化硫（SO_2）	自2013年7月起，国家能源局规定，硫含量为0.001%的近无硫柴油（NSFD）供应为柴油车辆的欧Ⅴ排放标准铺平道路，进一步减少柴油车辆和工业的二氧化硫排放。 自2013年10月1日起，国家能源局将规定清洁汽油的硫含量低于0.005%的机动车辆为欧Ⅳ排放标准铺平道路。这也将减少会引起臭氧的HC和NOx。 国家能源局和教育局一道与炼油厂合作，改进工艺流程，减少二氧化硫排放。 发电站使用更清洁的燃料来满足他们的能源需求，以降低其二氧化硫排放。随着电站和行业转向使用清洁燃料来减少二氧化硫，同时还会减少包括PM2.5在内的其他污染物

续表

污染物	措施
PM2.5，PM10	自2013年7月起，硫酸含量低于0.001%的NSFD汽车和行业是强制性的。 从2014年1月1日起，排放标准已经收紧于欧Ⅳ排放标准。欧Ⅴ柴油客车的颗粒物排放量显著低于欧Ⅳ柴油车。 早期营业额计划，以激励前欧洲和欧洲一级柴油商用车辆的所有者退休车辆，并升级为符合欧元Ⅴ标准的车辆。 从2014年1月1日起，所有柴油车辆都必须在车辆检验期间实现40个Hartridge烟雾单位（50 Hartridge Smoke Units）或以下的烟雾不透明度读数
臭氧	从2014年4月1日起，新型汽油车必须遵守欧Ⅵ排放标准。 2014年10月1日起，摩托车和摩托车的排放标准将修订为欧Ⅲ标准

资料来源：新加坡国家环保局（Singapore National Environment Agency）（2020），新加坡空气质量（Air Quality in Singapore）

新加坡的空气质素指标、二氧化硫排放清单，以及工业和车辆排放标准　　表4-2

污染物	2020年目标值	长期目标
二氧化硫（SO_2）	24h平均值：50μg/m³ 年平均值：15μg/m³	24h平均值：20μg/m³
PM2.5	24h平均值：12μg/m³ 年平均值：37.5μg/m³	24h平均值：25μg/m³ 年平均值：10μg/m³
PM10	24h平均值：50μg/m³ 年平均值：20μg/m³	24h平均值：50μg/m³ 年平均值：20μg/m³
臭氧	8h平均值：100μg/m³	8h平均值：100μg/m³
二氧化氮（NO_2）	1h平均值：200μg/m³ 年平均值：40μg/m³	
一氧化碳（CO）	8h平均值：10μg/m³ 1h平均值：30μg/m³	

资料来源：新加坡国家环保局（Singapore National Environment Agency）（2020），新加坡空气质量（Air Quality in Singapore）

4.3.2 水环境的保护措施

新加坡国家环境局（NEA）规定了新加坡污水系统以及内陆水域和沿海地区的水污染和质量。鉴于新加坡水资源有限，政府有关部门严格监测和监管水污染和质量。同时，土壤污染的控制也是保证水环境质量一个重要的内容，以免土壤中的污染物随着径流或地下水进入水系。新加坡的土壤污染控制主要侧重于保持正确使用经批准的农药措施。

1）污水处理系统

新加坡的公共污水系统为所有工业区和大部分的住宅写字楼服务。公共事业委员会（PUB）负责管理《污水和排水法》(Sewerage and Drainage Act）和《污水和排水（商业污水）条例》[Sewerage and Drainable (Trade Effluent)]，分别规定了污水系统，工业废水处理以及排放到公共污水管道的具体要求和标准。所有废水都要排入公共污水系统。废水排放进入公共开放渠道和河流受到了《环境保护和管理法》(*Environmental Protection and Management Act*）和《环境保护与管理（商业废水）条例》〔*Environmental Protection and Management* (*Trade Effluent*) *Regulations*〕的规定控制。

对于工业废水的控制更为严格。要求工业废水在排入下水道或水道之前（在公共污水渠不可用的前提下），必须经过指定的标准处理。如果是生产大量酸性污水的行业则需要安装pH监测和闭路控制系统，以防止将酸性污水直接排放到公共污水管道中。

对于含有可生物降解污染物的商业污水，相关行业在向政府部门申请许可并得到批准的前提下，可以排放到公共污水管理系统中。

2）内陆和沿海水域

对于内陆和沿海水域，新加坡采取定期监测水质的方法。针对内陆水体，监测的参数包括pH、溶解氧、生化需氧量、总悬浮固体、氨和硫化物；对于沿海水域，需分析沿海水样中的金属、总有机碳等物质，以及有关化学和细菌学参数等。

4.3.3 声环境的控制

声污染对人类的影响日益引起重视，相关的研究很多。对于声污染的控制新加坡国家环境局（NEA）也制订了一系列的规章制度。针对建筑工地和工业作业的噪声，新加坡政府根据与业界和公众一起商讨的结果设立了可接受的噪声水平标准，对有关建筑场所及工业处所的噪声水平做了具体的限制规范（表4-3、表4-4)，按此规定控制工地的噪声水平，为居民提供安静的生活环境。对于交通噪声，NEA也确定了车辆噪声的标准。

施工工程允许最大噪声等级表（周一至周六） **表4-3**

被影响的建筑类型	7:00—19:00	19:00—22:00	22:00—7:00
医院、学校、高等教育机构、老年疗养中心等	12h平均值：60dBA 5min平均值：75dBA	12h平均值：50dBA 5min平均值：55dBA	
距离建设点少于150m的居民建筑	12h平均值：75dBA 5min平均值：90dBA	12h平均值：65dBA 5min平均值：70dBA	12h平均值：55dBA 5min平均值：55dBA
其他建筑	12h平均值：75dBA 5min平均值：90dBA	12h平均值：66dBA 5min平均值：70dBA	

资料来源：新加坡国家环保局（Singapore National Environment Agency）2020，建设工程噪声控制（Construction Noise Control）

施工工程允许最大噪声等级表（周日及公共节假日） **表4-4**

被影响的建筑类型	7:00—19:00	19:00—22:00	22:00—7:00
医院、学校、高等教育机构，老年疗养中心等	12h平均值：60dBA 5min平均值：75dBA	12h平均值：50dBA 5min平均值：55dBA	
距离建设点少于150m的居民建筑	12h平均值：75dBA 5min平均值：90dBA	5min平均值：55dBA	
其他建筑	12h平均值：75dBA 5min平均值：90dBA	12h平均值：66dBA 5min平均值：70dBA	

资料来源：新加坡国家环保局（Singapore National Environment Agency）2020，建设工程噪声控制（Construction Noise Control）

新加坡作为世界排名前列的宜居城市，他们在不同领域对污染对控制和相关的规范具有借鉴的意义。

4.4 厦门城市生态环境的现状

厦门在国内一直被视为宜居城市之一，即使在世界的宜居城市排名榜上也占有一席之地。同时厦门以创建国家低碳城市、森林城市、园林城市和生态城市为载体，在环境保护和生态建设方面的工作不断得到加强，连续三届九年以总分第一的成绩获评全国文明城市，获得中国科学发展典范城市、十佳服务型政府、全国十大创新型城市、十大低碳城市等一系列荣誉。已规划并开展生态区、生态镇和生态村创建，海域综合整治与修复，保护区管理建设等工作，具有扎实的生态环境保护与建设基础。但是在环境方面，作为宜居城市的厦门，其发展仍然面临艰巨的工作。

近几年，厦门市地表水环境质量虽然有所好转，近半数的地表水系的水质有所改善，但是地表水达标率依然存在严峻考验，城市内依然有不少劣五类水质水体存在，包括厦门主要的饮用水源，九龙江的水质也一样面临污染的挑战。厦门近海海岸、海域环境质量的达标率总体也比较低，富营养化程度总体较高，水质差。目前水体污染物的整体排放量已经超过厦门的环境容量，厦门市域范围内有30～40条水体受到了不同程度的无机氮或无机磷的污染。

声环境方面，噪声工区达标率较高。空气质量总体稳中向好，2015年空气质量在全国各大城市中位居第二，2016年位居第四。酸雨污染程度虽然持续减轻，但发生频率依然有可下降空间，降水酸度pH值较低，属中酸雨区。氨氮，总磷等污染治理难度大，成效不明显。有专家和学者认为，汽车尾气的排放是厦门空气污染的一个重要污染源。

4.4.1 水环境

根据《2016年厦门市环境质量公报》(厦门市环保局，2017)，2016年厦门市三个集中式饮用水源地，北溪引水，石兜-坂头水库和汀溪水库水质符合Ⅲ类水质标准，水质达标率均为100%。地表水源中，湖边水库水质优，符合Ⅱ类标准；新丰水库水质类别为Ⅲ类，营养状态为中度富营养；杏林湾水库水质为劣Ⅴ类，其主要污染指标为总磷和化学需氧量；上李水库水质良好，符合Ⅲ类水质标准，营养状态为中营养；九龙江河口的污染较严重，低平潮的水质类别均为Ⅳ类。按照Ⅲ类水质标准评估，高低平潮的功能区达标率分别为60.0%和29.3%。河口出现的主要污染物指标有总磷、氨氮和化学需氧量。筼筜湖水质营养级别为中营养，营养状态指数为50.0。主要污染物为无机氮与活性磷酸盐浓度，年均值分别为1.92mg/L和0.128mg/L。

厦门近海海水污染同样面临巨大的挑战。厦门湾沿岸排污入海的小流域主要包括东西溪、九溪、埭头溪和杏林湾等，各河流的污染指数仍然严重(表4-5)。根据相关的数据不难发现，埭头溪的综合污染指数最高，其水质最差，污水的排放会对河口造成严重的污染；其次为九溪。杏林湾在所有厦门湾沿岸小流域河流中污染相对较轻，但其总氮仍然是地表水（湖库）Ⅴ类水的

1.81倍。总体上看，厦门湾沿岸小流域水质总体较差，水质，污染情况严重其各项指标均呈现显著的升高趋势，污染趋势加重，水质存在进一步恶化的风险。

厦门各河流污染指数　　表4-5

综合污染指数（Pi）	高锰酸盐指数	氨氮	总磷	总氮
东西溪	1.09	4.21	4.65	4.56
九溪	1.19	9.04	4.74	6.69
埭头溪	4.02	37.8	29.48	20.56
杏林湾	1.07	1.32	1.83	1.81

资料来源：《2016年厦门市环境质量公报》（厦门市环保局，2017）

另外，2016年厦门8个海滨浴场中，公主园海鲜酒店外浴场，黄厝华天学院外浴场，椰风寨外浴场，明丽山庄外浴场，水产研究所外浴场的水质总体良好，适宜游泳；鼓浪屿别墅美华浴场，港仔后菽庄花园外浴场和厦大白城浴场水质一般，浴场水体中的主要污染物为粪大肠菌群。厦门近岸海域的主要污染指标为无机氮与活性磷酸盐，不过海域其他无机污染物，例如化学需氧量，石油类，重金属等指标基本符合一，Ⅱ类海水水质标准。地下水源，同安区大同东北门地下水水质均符合地下水Ⅲ类水质标准，全年水质达标率为100%。

4.4.2 声环境

厦门市区的昼间区域环境噪声质量一般，声级范围在49.1～64.6dB，平均等效声级55.5dB。其中等效声级超过70dB（A）路段长为32.4km，过去几年没有太大的变化（表4-6）。

2012—2016年区域环境与道路交通噪声平均值表　　表4-6

项目	单位	2012年	2013年	2014年	2015年	2016年
区域环境噪声平均值	dB（A）	56.1	55.6	56.5	56.0	55.5
道路交通噪声平均值	dB（A）	67.8	67.8	65.6	66.3	67.8

资料来源：《2016年厦门市环境质量公报》（厦门市环保局，2017）

4.4.3 空气环境

根据厦门环保部门的数据，2016年厦门全市环境空气质量优良率98.9%，环境空气质量综合指数3.29，在全国74个重点城市中排名第四位。其中主要污染物为PM2.5和NO_2。2016年全市降水pH范围为3.81—6.71，pH加权平均值为4.77，酸雨发生率为84.0%，降水总离子浓度平均值216ueq/L，酸雨发生率，降水总离子浓度略有上升（表4-7）。

2012—2016年厦门市主要大气污染物平均浓度统计表 **表4-7**

	SO_2	NO_2	Pm10	Pm2.5	CO	O_3
2012年	0.021	0.046	0.056	—	—	—
2013年	0.020	0.044	0.062	0.036	1.2	0.137
2014年	0.016	0.037	0.059	0.037	1.0	0.128
2015年	0.010	0.031	0.048	0.029	0.9	0.095
2016年	0.011	0.031	0.047	0.028	0.9	0.103
环境空气质量标准一级	0.020	0.040	0.040	0.015	4*	0.1**
环境空气质量标准二级	0.060	0.040	0.070	0.035	4*	0.16**

备注：*24h平均浓度限值；**日最大8h平均浓度限值

资料来源：《2016年厦门市环境质量公报》(厦门市环保局，2017)

4.5 宜居城市环境质量提升路径对策

4.5.1 水环境

1）加强“九龙江”治理工作，保证厦门饮用水源的水质

厦门市地表水质治理存在的问题堪忧，除了地表水体中依然存在较大比例的劣五类水，最令人担忧的是作为厦门重要水源地的九龙江。由于近年来的发展，在沿江城区经济日益繁荣的同时，水环境污染也日益严重。九龙江水质治理成了厦门市地表水环境治理的重中之重和需解决的首要问题。

然而九龙江流域的治理也存在一些难点，主要问题包括跨行政区域的治理。九龙江主要流经龙岩、漳州和厦门市，这条跨边界水源的管理责任由多

个县市共同分担。流域水环境管理存在着条块分割、各为其利、各自为政的局面，各地区之间缺乏统一部署与综合管理。由于不同地区经济社会发展的不平衡导致其环境目标具有很大差异性，再加上地方利益的博弈，使流域环境治理更加困难。第二个难点涉及各级、多个政府部门。九龙江流域的管理除涉及不同的行政区域，还涉及发展改革、财政、环境保护、水利、农业、市政、国土、海洋渔业、林业等主管部门。例如目前行使流域水行政管理的机构是省水利厅；行使水资源保护的机构是省环保局；流域水电站的建设，若需出具环评报告，则由环保部门负责；沿岸商业管理颁发营业执照是工商部门的职责；水资源费收取的责任由水利部门承担，因此当遇到某一个具体问题需要处理解决时将涉及省级、市级和县、区级的政府及相关的不同部门。在现行行政体制下，河流流域的环境治理过程中协调各级政府和不同政府部门是一个费时、费劲的问题。第三个难点是水环境污染问题的整体性和长期性。九龙江流域水环境污染问题的形成是一个长期和复杂的过程，是河流流域沿岸人口增长、资源开发、经济发展、交通建设等各方面共同作用的结果，具体涉及农业污染、工业污染、生活污染和水利与林业开发等各个领域。特别是在水环境污染治理过程中，涉及各个地方政府、企业和个人等复杂的社会利益关系，使得环境法律、法规和政策的制定困难重重，其执行效果也难以持续。针对九龙江流域水资源的治理难题，宜居环境的提升路径具体的措施包括：

（1）进一步完善流域上、下游地区间发展权转移的经济补偿激励机制。这里所提到的发展权转移的经济补偿机制，是让下游受益地区、受益者向水环境保护区，主要是位于流域上游和水环境保护项目维护者提供经济补偿。九龙江区域的水污染总量控制是一项长期工作，需要长期的投资，由于中上游地区经济相对欠发达，而且受到水源地保护政策的影响，发展受到限制。发展权转移源于西方国家的土地发展权（Land Development Right，LDR）的理论与实践，目的是对保护农业用地数量和缓解城市建设用地供应不足的考虑。自1942年，英国补偿和改进专家委员会（Committee of Compensation and Betterment）发布的《尤斯沃特报告》（*Uthwatt Report*）首先提出了土地发展权这一概念，将其内涵界定为改变土地使用性质或提高土地使用强度而产生的权益之后，土地发展权发展至今70多年，广泛应用于世界各国和各个地区。美国在英国经验基础之上，提出了土地发展权转移（TDR）的概念。Nelson

等人（2012年）把“发展权（开发权）转移”（TDR）定义为将开发的权利从保护、控制开发地区转移至需要实施更高强度和密度开发地区的一种手段。这个概念意味着将一块土地进行非农开发的权利（实际上是整体土地产权束中多项权利中的一个部分）通过市场机制转移到另一块土地（Nelson等，2012）。这一工具旨在解决发展和经济增长与自然资源保护之间的矛盾问题，它试图解决城市增长与生态环境、农业用地、地下水和历史文化遗址保护之间的矛盾，并实现平衡（Pizor，1978；Chiodelli，Moroni，2016；Tavares，2003）。国内外诸多学者也对土地发展权展开了探索和讨论，研究主要从概念（王永莉，2007）、归属问题（王万茂、臧俊梅，2006）、法律性质（王育红、刘文海，2017；刘国臻，2011）、可行性与必要性（穆松林、高建华，2009）、相互转换中带来的土地收益增减变化（朱一中、曹裕，2012）等角度展开。过去10多年，随着改革的不断深入，与土地发展权相关的地方性创新实践也已经出现，例如重庆的“地票”制度、浙江省的“异地有偿补充耕地”“折低指标有偿调剂”等制度。因此九龙江流域水源的保护应当采用“发展权（开发权）转移”（TDR）的理念，采取受益者补偿的原则，试行受益地区、受益者向水环境保护区、流域上流和水环境保护项目建设者提供经济补偿的方法，实现发展全共享、共同收益的模式。

（2）增加污水处理厂。目前九龙江流域的污水处理厂数量远不能满足流域内城市生活污水处理的需要，给九龙江流域水质保护带来很大的威胁。城市和乡村生活污水应严格控制，采取污水集中处理的方式，经过污水处理厂处理后再排放，减少因排污口分散造成的面源污染类型，因此需要修建足够数量的污水处理厂。这不但有利于城市污染源排放总量的控制，而且集中排污规模达到一定程度后，可以把城市集中排污作为点源进行水质模拟和水环境容量计算，提高模拟精度，方便总量控制方案的制定和实施。

（3）提升农村地区畜禽养殖污染处理技术。畜禽养殖污染控制可以按照循环经济的理念和生态农业的原理，以资源利用最大化和污染物排放量最小化为原则，从畜禽养殖的全过程提出控制技术措施。养殖过程中应考虑到当地的环境容量和自净能力，应尽量采取农牧结合的方式便于养殖废物的收集、处理和控制，并保证养殖点距离水源控制在安全距离。

2）强化厦门湾沿岸小流域整治工作

针对厦门湾沿岸小流域排污入海的问题，需要加强组织协调工作，构建厦门湾协调管理机制，形成龙岩-漳州-厦门三个城市长效联动机制，协调流域和海湾生态保护与经济的可持续发展。建立流域-海湾管理委员会，负责统一组织、部署、指挥和协调流域-海湾环境的综合整治工作，具体的工作包括审定流域水环境保护规划、年度综合整治计划、研究流域水环境保护中的重大、突出的问题，对重大事项进行统一部署、综合决策，协调各部门、各地区间的行动。同时结合梳理后确定的污染源，以改善水环境质量为目标，明确治理的重点，特别需要重点突出对农村生活污水治理、畜禽水产养殖污染整治、工业污染源整治以及生态修复工程建设等。通过植树造林、林木改造，逐步提高水源涵养、林地供氧和生态补水能力；通过溪流河道治理及生态柔性护坡建设，种植水生植物，形成水系绿道，提高水体自净能力和景观效果，恢复流域生态系统功能，实现“水清，无异味”的目标。

4.5.2 声环境

在声环境治理方面，应全面落实《地面交通噪声污染防治技术政策》，噪声敏感建筑物集中区域（以下简称“敏感区”）的高架路、快速路、高速公路、城市轨道等道路两边应配套建设隔声屏障，在车流量大易拥堵路口严格实施禁鸣、限行、限速等措施。

我国的城镇化仍然在持续进行中，城市内还将有不少建设工程和工地，施工现场的污染任重而道远。因此需要严格执行《建筑施工场界噪声限值》，查处施工噪声超过排放标准的行为，加强施工噪声排放申报管理，实施城市建筑施工环保公告制度。市政府依法限定施工作业时间，严格限制在敏感区内夜间进行产生噪声污染的施工作业。实施城市夜间施工审批管理，推进噪声自动监测系统对建筑施工进行实时监督，鼓励使用低噪声施工设备和工艺。

随着人民生活的提高，生活噪声也在增长，生活噪声的扰民问题一直是城市管理的问题之一。应当提升社会的治理，严格实施《社会生活环境噪声排放标准》，禁止商业经营活动在室外使用音响器材招揽顾客。严格控制加工、维修、餐饮、娱乐、健身、超市及其他商业服务业噪声污染，有效治理冷却塔、电梯间、水泵房和空调器等配套服务设施造成的噪声污染，严格管理敏感区内的文体活动和室内娱乐活动。积极推行城市室内综合市场，取缔或限制扰民露天或马路市场。对室内装修进行严格管理，明确限制作业时间，严格控制在已竣工交付使用居民宅楼内进行产生噪声的装修作业。政府应当积极解决噪声扰民，加强噪声污染信访投诉处置，畅通各级环保、公安、城建举报热线的噪声污染投诉渠道，探索建立多部门的噪声污染投诉信息共享机制，将排放超标并严重扰民的噪声污染问题纳入挂牌督办范围，建立噪声扰民应急机制，防止噪声污染引发群体事件。另外要加强重点源监管。城市环保部门应会同有关部门确定本地区交通、建筑施工、社会生活和工业等领域的重点噪声排放源单位，严格各项管理制度，确保重点排放源噪声排放达标。同时有必要对广大居民进行教育，提高环保意识，包括对噪声影响的认知。

4.5.3 大气环境

使用清洁能源不仅仅是节能减排，实现碳中和的路径，也是改善大气环境，提高人民宜居的重要措施。因此需要大力发展清洁能源和新技术，并在财政、信贷、用地、税收、上网电量和上网电价等方面给予政策支持，鼓励企业和个人投资经营新能源与可再生能源项目建设。为了推动新能源和新技术的开发和运用，可组织科研院所、高校开展研发或引进一部分专业人才，每年划拨一定的经费，长期坚持新能源与可再生能源的技术研发，以培养一支有水平的队伍。研发产品需要有市场，所以应加大可再生能源在建筑中的规模化应用，大力发展建筑一体化的太阳能供热、光电转换、热泵技术制冷供热、风能发电用于公共照明等建筑节能示范项目。因地制宜地制定新能源与可再生能源发展规划，把新能源与可再生能源发展规划列入国民经济发展总体规划和市财政预算中，加大投资扶持力度，这是一举两得的措施。

交通对大气污染所占的比重很大，这些年小汽车进入大众家庭，虽然给人民的生活带来很多的便利，却也造成严重的污染。宜居城市的建设有必要提供多样化、高效、便利及低成本的交通出行服务，向绿色交通方式倾斜、提高公交与慢行交通竞争力，引导小汽车适度发展。大力发展公共交通，提供便捷高效公共交通服务，形成高效快速、舒适安全的公交服务体系。改善慢行交通条件与环境，塑造便利、宜人的慢行交通环境与交往空间，引导居民更多地选择慢行交通方式。将碎片化的各种交通模式和设施做战略性衔接，将步行设施、自行车道、公共交通服务和道路纳入真正多式联运和互通性的系统，为不同群体的居民出行提供平等的出行权利。注重城市生活细节，推广以人为本的交通设计，追求交通设施的人性化和精细化发展。舒适性是宜居城市交通品质和重要标志，宜居交通目标导向下，要求城市交通从单纯的设施供应转向关注设施利用效率的提高和环境与品质的提升。在人本导向下，重视城市交通空间的人性化和精细化设计，为居民出行提供安全的交通条件、宜人的出行环境、人性化的设计和服务出行。交通空间的设计结合居民生活细节需要，注重地方民俗风情生活方式和城市特色，关注弱势群体。

宜居城市需要绿化，而绿化更是净化大气环境的重要手段。茂密的林丛能降低风速，使空气中携带的大粒灰尘下降。树叶表面粗糙不平，有的有绒毛，有的能分泌粘液和油脂，因此能吸附大量飘尘，蒙尘的叶子经雨水冲洗后，能继续吸附飘尘，如此往复拦阻和吸附尘埃，能使空气得到净化。加大城市绿化建设是改善空气污染的重中之重，应尽可能优化城市绿地分布格局，提高居民亲绿的便利性。绿化规划不能只考虑绿地，还要将人行道和其他步行路与城市绿色开敞空间连接成整体，穿越居住区和其他建筑密集区域，构成“绿链”，并通过高密度的绿化措施，增加开敞空间的可进入性，提高其环境质量。

5 宜居、宜业的营商氛围和经济发展

虽然学界对宜居城市的定义和标准还没有统一的认识，但是大多数宜居城市研究都基于城市发展的基本理论，因此以宜业为目标的经济发展，必然成为宜居城市的主要功能之一，因为社会的上层建筑建立在一定的经济基础之上。所以目前大多数宜居城市的研究在探讨社会环境与自然环境的同时，都把经济环境纳入了整体考虑。刘兴政（2008）认为宜居城市是指人文环境与自然环境协调，经济持续繁荣，社会和谐稳定，文化氛围浓郁，设施舒适齐备，产业结构适合，适于人类工作、生活和居住的城市，这里的“宜居”不仅是指适宜居住，还包括适宜就业、营商、出行及教育、医疗、文化资源充足等内容。国际标准化组织（2010）在城市可持续与宜居指数（ISO 37120）中，将城市经济发展水平（GDP、政府财政收入等）列为城市可持续性的重要指标。经济合作与发展组织（2015）也在宜居城市的评价过程中强调了工作岗位供给以及居民收入等经济要素对宜居城市的重要性。刘秀洋和李雪铭（2008）对大连市1990—2003年的经济与宜居相关数据进行研究，通过建立数学模型发现，1990年开始城市宜居性建设对大连市人均GDP的平均作用效率达到3.82%，宜居性对城市的经济发展具有比较明显的推动作用。除此之外，顾文选（2007）、刘维新（2007）和张文忠（2016）等专家学者也都肯定了城市的经济环境是宜居城市的重要组成要素。因此，在宜居城市目标下，城市的经济发展和产业结构等相关问题是不容忽视的，经济宜居的建设对于城市宜居性的提升与生态宜居和社会宜居一样具有重要意义。

5.1 城市经济增长的要素

城市是一个地域的政治、经济、科技、文化、教育、信息中心和交通枢纽，以其经济活力带动整个地域的经济发展。宜居城市的建设和发展需要有经济的支撑，需要让生活和居住在一座城市的居民能够获得高质量的工作机会，或者获得适合他们施展抱负的机会。

对城市经济增长要素的分析，是研究宜居城市经济增长的起点。亚当·斯密斯（Adam Smith）确立了经济由资本、土地和劳动力驱动增长的理论，随着该理论的发展，技术等因素也逐渐被纳入了考量。而从城市规划的角度来看，影响经济增长的因素应当是全面的，并且应与城市的综合竞争力提升充分地结合起来考虑，以便为城市在未来一定时期内的发展寻找经济方面的重点与突破口（甄峰，2010）。值得引起关注的是宜居城市经济的发展不是孤立的，而是与城市的其他要素紧密结合的。这些影响宜居城市经济增长的要素包括资本、知识与技术、人力资本与劳动力市场、信息、产业结构、基础设施、文化与舒适性等。

5.1.1 资本

资本是影响城市经济发展的重要因素，资本通过不同的物质形态，用于活跃城市中的种种经济活动。因此，在城镇化的过程中，城市经济的增长不仅体现于城市人口的不断增加以及城市土地价值的提升，还体现在产业投资、基础设施建设等经济活动不断向城市聚集，这些趋势和特征可以通过城市接收到的投资规模窥见一二。除了资本的规模与数量，资本的配置效率也对城市经济有着重要影响，随着资本规模的增加，低效的资本配置体制与模式将严重影响城市经济的发展。

5.1.2 知识与技术

21世纪已经开启了知识和技术经济的新纪元，科学技术已经成为极其重要的社会资源。伴随着新技术扩散的知识溢出，知识和技术长久以来被看作是城市经济增长的重要驱动力。阿尔弗雷德·马歇尔（Alfred Marshall，2013）在1890年就指出了城市是商业技术的中心；卢卡斯（Lucas，1988）在论经济发展的机制*On the Mechanics of Economic Development*一文中强调了城市作为人力资本的聚集地，城市的存在与发展是人力资本外部性的体现。卢卡斯后来又进一步把城市定义为先进生产技术的聚集地，进而把城镇化视为劳动密集型技术向人力资本密集型技术转移的过程。可见，技术在很大程度上加强了城市的聚集效应，从而为城市的经济增长作出贡献。

5.1.3 人力资本以及劳动力市场

城市经济增长依赖于吸纳现有知识和创造新知识的能力，而这两种能力都直接与现有的人力资本储量有关。人力资本对于城市经济的促进作用，主要是人力资本的投资将提高劳动生产率，进而增强城市经济的竞争力。西奥多·W.舒尔茨（Theodore W. Schultz）（1960）通过对美国经济增长的研究发现随着经济水平的逐步发展，教育对经济增长的贡献率也逐步提高，随后更多的研究也都表明了劳动力的多寡及水平与城市经济的相关性。因此，受过高等教育人口占总人口的比重以及劳动年龄人口占总人口的比重可以反映一个城市的劳动力状况。

5.1.4 信息

随着信息科技的日新月异，信息已经日渐成为经济部门中的重要元素，信息技术在城市经济社会发展中的普及也推动城市进入一个基于信息基础设施、信息资源开发利用的信息时代。这同时标识着信息的生产、分配和有效使用已经成为城市发展的关键因素和重要资源。从硬件上来看，互联网以及移动网络的接入带宽和速度影响着信息的传输速度；从软件上来看，信息产业的聚合，以及信息从业人员的充裕对信息的解读与利用有着重要影响。

5.1.5 产业结构

产业结构通常是城市经济分析当中的一大重要影响因素，因为城市经济增长在很大程度上受制于城市产业结构，产业是否与资源条件、生产要素配置的状况相适应，产业结构是否与需求结构相协调都对经济的发展产生影响。在城市面临外部经济环境变化，以及内部劳动力等因素变化时，产业结构也应当随之调整，这种调整的适应力往往左右着城市一个阶段的经济发展水平。随着社会经济的发展，人均收入的提高，需求结构必然发生转变，从需求弹性小，附加值小的产品向需求弹性大，附加值高的产品转移是经济活动的自然规律。如果城市的产业结构能够适应这种不断的发展和变化，则将促进城市经济稳定持续增长，成为宜居、宜业的城市；反之，城市经济的增长速度就会降低甚至出现衰退。因此，城市产业结构的优化对于宜居城市的可持续发展十分必要，通过对比城市各产业从业人员比例以及各产业产值比重可以洞悉城市的产业结构。

5.1.6 基础设施

基础设施是城市公共经济学关注的重要内容，它不仅是城市空间的构成要素，更是经济增长要素。对于城市经济增长而言，基础设施建设的水平本身就是城市经济实力的物质表现。基础设施方面的公共投资在解释国家内部城市经济增长方面是非常重要的，特别是生产性基础设施本身所提供及其所提供的服务是城市企业生产力提高的必备要素，而一些生活性的基础设施，由于主要是为居民生活、娱乐、休闲提供服务，这些设施虽然不对生产产生直接作用，但会通过改善和提高劳动者的福利和生活质量，进而提高生产效率，达到促进经济增长的目的。因此，城市的基础设施与城市的竞争力密切相关，其空间上的分布不均衡还会影响到城市竞争力的均衡提升，而城市的人均公共设施拥有量可以初步反映城市的基础设施状况。

5.1.7 文化和舒适性

城市作为人类生产、生活的聚集地，也是人类文明的起源地和人类精神的创新空间。城市经济增长不仅受到资本、劳动力等各种有形因素的制约，而且还与城市文化积淀、城市生态环境等无形因素密切相关。城市文化是一个城市生活的核心和灵魂，是城市赖以生存和延续的基础，地方文化更是城市社会、经济和发展环境的特色创生地。从文化角度来看，城市是一个传统、娱乐、艺术、科技、教育的聚集区，而这些要素更是城市经济发展战略和竞争力的重要底蕴和智慧内涵。随着全球化进程的深入，城市之间的竞争不再仅是自然资源和地缘经济的竞争，更是在观念、体制以及文化等软环境的竞争。一个城市的文化产业发展可以作为文化因素的一个指标，其中文化产业的从业人数与产值以及文化设施的数量可以部分反映城市的文化实力。

5.2 宜居城市经济产业的特点

江蔓琦和翁羽（2010）通过总结宜居城市的基本标准，提出了宜居城市产业结构的几个特点。第一，宜居城市的产业结构配置应当生态化，摆脱高污染、高耗能、资源浪费等不良影响，以尽量减小经济发展对资源的浪费和破坏，从而保持城市良好的生态环境。第二，配套发展生活性服务业，给居民创造便捷的生活环境，以满足居民的日常生活和消费的各种需求。除此之外，刘兴致（2008）认为宜居型城市的产业结构必须要按照统筹兼顾的原则，在解决劳动就业的同时，还要考虑到城市与周边乡村统筹以及经济社会协调发展等问题。因而，宜居城市不能仅仅发展技术密集型和资金密集型产业，在提高城市竞争力的同时，应当兼顾劳动密集型与环境生态协调型产业，从而保证劳动就业与社会稳定。

以上研究结论多集中在宜居与产业的关系，难以全面地指导宜居城市的经济发展策略，本次宜居城市的研究根据新加坡宜居城市中心的城市宜居度排名（CLC，2014）、经济学人智库的宜居城市排名（EIU，2010）以及中国科学院宜居城市研究报告（张文忠等，2016）等的结果，选取了宜居度排名靠前的部分城市，对其各个城市经济发展要素进行了初步的分析，进一步归纳出世界领先宜居城市的经济产业等因素的基本特点，提出宜居城市经济发展的策略。

5.2.1 经济体量

根据相关研究（Pricewaterhouse Coopers，2009），大多数知名的宜居城市经济体量并不大。在该研究全球151个重点城市中，宜居性排名靠前的九个城市GDP排名并不靠前，大多处于中游水平。新加坡2008年GDP实际（购买力平价）为2150亿美元，位列排名的27位，处于较为领先的位置。维也纳2008年实际GDP为1220亿美元，位列排名的50位。温哥华、柏林则均为950亿美元，排名第68和69名。斯德哥尔摩、赫尔辛基、奥克兰、苏黎世GDP总量也都超过了500亿美元，哥本哈根也接近了这一数字。由此可见宜居性领先的城市在经济规模上并没有明显局限于某一个区间，很难为宜居城市的经济规模做出合理判断。然而对比东京、纽约这种GDP总量超过一万亿美元的超大城市，这些宜居城市的经济规模还是比较小的。从这一点来看，宜居城市的适度的经济总量反映出了其产业尚未过分集聚，因而相关的劳动力也得以部分疏散，最终城市的各方面压力也得以缓解，从而为创建良好的宜居环境创造了可能。

5.2.2 产业结构

如前所述，产业结构是城市经济发展的重要因素，适应时代的产业配置是推动城市经济发展的关键，而合理的产业结构则是保障宜居性的关键。在影响城市经济发展的几个要素中，产业结构与城市规划联系最为密切，因此是对宜居城市的产业结构重点分析的内容。

根据不同产业从业人员的数量和规模可以了解城市中各个产业的构成。2011年新加坡就业人口总计199.89万人；其中第二产业从业总人数为39.21万人，占总就业人口的19.6%；第三产业从业人数为158.33万人，占总就业人口的79.2%。具体来看，批发零售业从业人数约30.05万人，占总就业人口15%；制造业从业人数为29.24万人，占总就业人口的14.6%；公共服务与教育从业人数为26.63万人，占总就业人数的13%；交通与仓储业就业人数为19.2万人，保险金融业从业人数14.55万人，食宿接待从业人员也有13.52万人。由此可见，新加坡大量就业人口聚集在第三产业，这种产业结构和第三产业的特性保证了城市的生态环境没有遭受高污染、高耗能产业的影响。而新加坡的第三产业也并非完全布局为现代服务业与高科技产业，有相当一部分劳动力从事就业门槛较低的物流、零售等低端服务业。这种产业结构确保了各个阶层的居民都可以获得相应的就业岗位，因而也较好地保证了社会稳定，营造出宜居的社会环境。英国的卡迪夫也是欧洲排名第六的宜居城市，历史上卡迪夫有大量的工业聚集，大多数就业人口从事高污染的第二产业，尤其是钢铁煤炭等资源型产业。然而随着产业的转型，卡迪夫已经成为威尔士地区的金融商务中心和优秀的旅游集散地。目前，卡迪夫有87.9%的就业人口在服务业部门工作，其中8%的服务业从业人员从事旅游相关行业。对于第二产业，卡迪夫只有5.4%的就业人口从事制造业和6.3%的就业人口从事建筑业。由此可见，卡迪夫的产业结构同样是以服务业为主体的，避免了高耗能高污染的产业格局。温哥华长期以来都是世界公认的宜居城市，约一半的居民都是从国外迁入，反映了温哥华卓越的城市吸引力。目前，温哥华88%的就业人员在各服务业部门工作；其中从业人员最多的产业是零售服务业，其次是医疗保健和公共服务业。这些产业部门显然都不是支撑城市经济增长的关键部门，而是配套性发展的服务性部门。正是这些服务部门的劳动力充足，才保障了温哥华各项公共事业的服务质量，从而增强了温哥华的宜居性建设。然而，仅仅依靠配套性服务部门难以支撑经济的稳固增长，显然温哥华还有其他的主导产业。温哥华有93000人（约7%）在金融、保险、房地产行业工作，这三个部门极大地驱动了温哥华的经济增长。另外，温哥华的高科技产业也发展迅猛，尤其是ICT（信息通信技术）产业，目前有4.5%的温哥华人受雇于高科技产业，而且近五年来每年高科技产业都会新增4%的就业岗位。除此之外，温哥华的旅游会展业也吸纳了大量人口就业，仅会展业从业人员在2010年就接近一万人。由此可见，温哥华的产业结构不仅有金融、保险等现代服务业拉动经济增长，还有相对低端的配套性服务业保障民生宜居。温哥华还根据城市优势和特色，开展了会展业这一特色产业，成为产业经济的一大亮点。

不同产业部门的产值也可以用以分析城市的产业结构。2017年上半年新加坡货物生产业（Goods Producing Industries）占总GDP比重约为25%，服务业（Services Producing Industries）占总GDP比重约为64%。其中制造业GDP占比约为19.5%，批发零售业GDP占比约为13.4%，交通运输业GDP占比约为7%，食宿接待服务业GDP占比约2%，金融保险业GDP占比约为12%，商业服务业GDP占比14.4%，其他服务业GDP占比11%。由此可见，金融保险和商业服务等高端现代服务业创造了主要的产值，而比较基础的服务业，如交通运输和食宿接待等，仅创造了小部分的产值。产值巨大的高端现代服务业以及高端装备制造业显然是驱动新加坡经济增长的关键，经济的稳固增长可以保障政府的持续性财政收入，从而保障城市基础设施等公共服务的建设和维护，进而提升城市的宜居性。欧洲宜居城市维也纳的总附加值（Gross Value Added）也反映了类似的趋势。2014维也纳第一产业的附加值仅占全年总附加值的0.1%，第二产业的附加值占14.7%，第三产业的附加值占比85.3%。柏林2014年全年总附加值为1055亿欧元，其中制造业的附加值仅占比12.5%，金融、保险、房地产业占比最高为31.2%，其次是医疗、教育等公共服务业，占比31%，贸易、物流、餐饮住宿等行业占比21.3%。柏林虽然有德国的制造业传统，但其产业机构仍是第三产业为主导。通过分析世界发达国家众多宜居城市的产业产出数据发现，在欧洲和北美的宜居城市中，第三产业产值极高，其中金融、保险、房地产等产业的产值相当巨大，各项具有公共属性的服务业也创造了巨大的产值。而亚洲的宜居城市新加坡的产业产出状况略有不同，制造业仍然贡献了相当一部分产值，金融保险业和医疗教育等公共服务的产值并不十分突出。

通过分析、对比各个产业的从业人口和产业产出可以看出，欧洲和北美的宜居城市具有一个共同特点，即通过金融保险和房地产等高收益产业拉动城市经济增长。但是这类仅吸纳小部分精英从业，再通过公共服务以及餐饮住宿等门槛较低的配套性服务业解决大部分人员就业，并以此确保城市所提供的各项社会服务的质量。这种产业结构在欧洲和北美地区的宜居城市具有一定典型性，因为这种结构的产业配置，既可以确保城市经济的增长点，又同时避免了高污染、高耗能的产业，还可以创造大量就业岗位，以及供给较好的城市公共服务。然而，我国的产业结构能否照搬这种模式，还存在较多疑问。因为这种产业结构的形成与维也纳、温哥华、柏林等城市所处的国际和国内政治经济背景紧密相关，而我国的政治体制以及政策理念与以上宜居城市所处的环境还有一些差异。也正是我国不同的金融监管体系、房地产开发模式等特殊条件，决定了我国的宜居城市无法直接复制和照搬欧洲北美宜居城市的产业结构。因此，同样作为亚洲国家，并且政治、经济环境更为相似的新加坡具有更大的参考借鉴价值。

5.2.3 资本

城市接收的资产投资规模可以反映资本对城市的青睐程度，进而反映城市的经济活力。2014年维也纳的外商直接投资（Foreign Direct Investment）为930亿欧元，其中42.3%来自欧盟，21.1%来自俄罗斯，11.1%来自美国（City of Vienna，2016）。威特沃特斯兰德大学的罗纳德·沃尔（Ronald Wall）于2019年所做的研究进一步论证了这一事实。根据沃尔（2019）的研究，至2018年维也纳所获得的国外直接投资主要来自西欧，接着是北美，其后才是亚洲；资金来源城市的前五位分别为美因茨、慕尼黑、巴黎、底特律和伦敦。根据外国直接投资情报（FDI Intelligence）的排名，在全球外商直接投资最多的前25

个城市中，有接近三分之一的城市宜居度排名都比较高，包括了新加坡、日内瓦、哥本哈根、悉尼、赫尔辛基、苏黎世、阿姆斯特丹（FDIIntelligence，2020）。显然宜居城市的提升吸引到了大量的资本进入，有利于资本的引入。对资本吸引的首要因素是城市的经济总量与市场规模，城市的宜居度也有一定的影响显示出其优势。

厦门的人口规模虽然不是中国排名在前的城市，目前的经济总量也相对较好；但厦门人口规模也突破400万，远高于欧美的宜居城市。厦门需要通过高附加值产业和循环产业的发展扩大就业，提升经济和消费能力，增加本地市场的需求，借力其宜居城市指标的提升，厦门便能引入更多的资本。

5.2.4 知识与技术

近年来，知识与技术对城市经济增长的驱动作用十分显著，越来越多的城市开始大力推进知识经济的发展。由于各个城市教育以及技术的相关数据不易获取，在此借助全球创新机构（Global Innovation Agency）发布的全球城市创新指数排名，来了解各宜居城市的知识技术发展水平。在排名前十的宜居城市中，维也纳和新加坡分别取得了第三和第八的好成绩，前二十名中，也不乏哥本哈根、斯德哥尔摩、悉尼、柏林的身影。而排名的后二十名中，则没有任何宜居城市。将创新指数排名与宜居指数排名对比，可以发现具体的城市排名虽然有所差别，但在整体趋势上宜居性和创新性的城市排名是相似的，发达地区城市普遍优于欠发达地区城市。

5.2.5 人力资本和劳动力市场

劳动力是城市人力资本的主体，也是社会资本的关键组成，对城市经济具有重要的推动作用。卡迪夫有74.5%的劳动年龄人口处于就业状态（包括受雇、自雇和企业主），其中具有NVQ4（英国国家职业资格体系4级）及以上证书的就业人口占总就业人口的49.2%（Office for National Statistics，2020）。NVQ4相当于我国的高级从业资格证书，近三分之一的就业人员持有高级资格证书说明了卡迪夫的人力资本比较高。而哥本哈根受过高等教育的人口占总人口的比例为40%，西雅图的该比例为39.4%，温哥华的该比例为24.1%，新加坡该比例为23.7%（The Conference Board of Canada，2016）。这个现象与受高等教育人口在该国家的全国人口比例基本相似。根据2019年经济合作与发展组织（OECD）的统计，加拿大受过高等教育（含大专和高等专业教育）的人口占59.4%，美国接受大专、本科以上的高等专业教育的人口是其全国人口的48.3%；这个比例在丹麦为40.4%（OECD，2019）。新加坡接受本科以上教育的人口在2020年已经达到33%，若包括大专和高等专业教育的人口，则接近全国人口的48.3%（Straits Times，2021）。可见发达国家的宜居城市的人口受教育程度较高，有相当一部分居民受过高等教育。除此之外，宜居城市中青年劳动力相对充足，哥本哈根25～34岁人群占总人口比例为23.6%，悉尼为33.2%，温哥华为18.7%，新加坡为14.4%。总而言之，宜居城市的劳动力数量充足，并且人力资本质量较高。

5.2.6 信息

目前，信息的可获得性和信息产业的发展对城市经济越来越重要。由于缺乏各个城市的网络速度数据，在此以宜居城市所在国家的平均网络速度来反映宜居城市的网速状况，斯德哥尔摩平均网速为23.6Mbps，赫尔辛基平均网速为22.8Mbps，日内瓦平均网速为21.2Mbps，新加坡平均网速为29.5Mbps，墨尔本平均网速为25Mbps（Akamai Technologies，2016）。根据研究显示，全球平均网速为7.2Mbps，可见不少宜居城市具有较好的网络接入环境，在硬件上确保了信息传递的速度和效率。此外，宜居城市的ICT产业发展较好，信息产业从业人员充裕。赫尔辛基超过6%的就业人员在ICT部门工作，斯德哥尔摩也有5.2%的就业人员在ICT部门工作，日内瓦ICT产业的从业人员占比也达到了4.7%，还有之前提到的温哥华4.5%的就业人员在ICT部门就职（OECD，2015）。

5.2.7 文化和舒适性

文化和舒适性虽然对城市经济发展没有直接影响，但是其间接影响力也逐渐受到更多人的认可。目前，排名领先的宜居城市大多在文化领域有着优秀的表现。根据世界文化论坛报告（World Cities Culture Forum，2015），多数发达国家的宜居城市的剧院数量在60座以上，例如斯德哥尔摩80座，墨尔本81座；博物馆数量在80座以上，例如阿姆斯特丹144座，悉尼83座；公共图书馆数量在100座以上，例如悉尼154座，维也纳100座，可见发达国家的宜居城市在文化基础设施的建设上表现相当不错。就文化产业而言，各发达国家的宜居城市文化产业从业人员占比分别为哥本哈根5.6%，西雅图5.2%，悉尼4.9%，温哥华4.7%，多伦多4.3%，新加坡2.7%。其中温哥华文化产业发展迅速，文化产业的从业人员与产值也稳步上升，尤其是电影业引领了文化产业的全产业链发展，为温哥华赢得了北方好莱坞的美誉。

总结以上发达国家的宜居城市在各经济要素上所呈现出的特点，可以发现发达国家的宜居城市之经济规模往往处于一个较为适度的区间，没有超大城市（如纽约、伦敦、上海等）的庞大体量，但仍具有一定规模的经济和产业支撑城市发展。发达国家宜居城市的产业结构则以第三产业为主，高附加值产业等现代服务业作为主体，支撑城市经济的发展，配套性服务业作为补充，保障居民的就业和城市公共服务。发达国家的宜居城市对资本的吸引力与超大城市，特别是世界城市相比，其优势并不明显，但是与其他规模相近的大中城市相比仍有一定优势。发达国家的宜居城市通常有深厚的人力资本优势，以及优越的人文环境和城市舒适性，这往往是其他城市在发展经济的过程中容易忽视的部分。在信息的收集、生产和分析方面，发达国家的宜居城市具有良好的硬件环境和软件环境。通过以上结论，不难发现发达国家的宜居城市在城市经济发展的各个要素上都有不俗的表现，虽然达不到顶级水平，但是也能保持在全球城市排名的中上水平，因此宜居城市也可以被视为在一定经济基础上的全面发展城市。宜居城市没有一味追求经济规模扩大和发展速度增长，在经济发展到一定水平之后，转向着重补足和提升城市的其他弱项。这也与宜居城市理论的精神内涵相契合，宜居城市是经济、环境、社会三要素的平衡状态。

5.3 厦门各经济要素现状分析

2015年，厦门经济增长速度保持平稳，四个季度GDP累计增幅分别为

7.4%、6.8%、6.8%和7.2%。全年实现地区生产总值3466.03亿元，折合约550亿美元。其中，第一、二、三产业增加值分别为23.93亿元、1511.28亿元和1930.82亿元。按常住人口计算，全市人均GDP为9.04万元，折合1.45万美元（厦门统计局，2016）。由此可见，厦门目前的经济规模已经与哥本哈根、赫尔辛基、奥克兰等宜居城市的经济规模相当。但是考虑到厦门高达386万的常住人口，对比新加坡的人口与经济规模，厦门的经济规模显然还有较大的提升空间。

但在产业结构，厦门产业结构需要持续优化调整，目前厦门三类产业产出比例为0.7:43.6:55.7，第三产业产值比重较之上一年提高了1.0个百分点。2015年规模以上工业实现总产值5028.68亿元，比上年增长8.1%；实现增加值1219.70亿元，增长7.9%。2015年电子、机械两大行业实现工业总产值3368.29亿元，占规模以上工业总产值的67.0%。其中电子行业实现工业总产值1962.14亿元，占规模以上工业总产值的39.0%；机械行业实现工业总产值1406.15亿元，占规模以上工业总产值的28.0%。厦门全年实现金融业增加值353.39亿元，占第三产业的18.3%（厦门市统计局，2016）。由此可见，厦门已经逐渐开始向第三产业为主体的产业结构过渡，但是与发达国家宜居城市第三产业80%产值的产业结构相比，厦门的产业结构仍有较大优化空间。而厦门的电子和机械两大行业仍保持着较快增长，这对厦门的产业结构转型而言，既是挑战，也是机遇。因为这两大行业都具备升级为研发和设计型的高附加值产业的潜力，如果这两大行业仅停留在扩大代工生产规模阶段，对产业转型无疑是不利的。厦门利用自身优势积极发展旅游会展业，2015年厦门旅游总收入832.36亿元，并且举办了18个专业展览会，全年举办各类展览活动193场，总面积191万m^2，各类会议参会人数135万人。与温哥华的会展业相比，厦门会展业发展势头良好，但仍有很大的潜力可挖掘。

从资本引入来看，厦门2015年完成全社会固定资产投资1896.52亿元，增长20.6%，新开工计划超十亿元的大项目有联芯集成电路制造、厦门轨道交通2号线一期工程、天马微电子第6代低温多晶硅及彩色滤光片等16个项目。全年合同利用外资41.63亿美元，实际利用外资20.94亿美元（厦门市统计局，2016）。由于厦门所处的宏观政策背景与欧美宜居城市所处的政策背景有所差异，所以两者的接收资本的主要来源不尽相同，因而无法直接对两者的外商直接投资额度做出比较，在此我们通过厦门社会固定资产投资来了解厦门受资本青睐的程度。厦门2015年吸引国际资本在固定资产的投资额约为290亿美元，同期维也纳全年接收的国际资本在固定资产的直接投资为930亿欧元。相比之下，厦门受国际资本的青睐程度远远低于发达国家的宜居城市。根据海峡西岸经济区发展报告，福建省吸引境外资金的主要来源为中国香港、中国台湾、日本和新加坡等亚洲地区和国家，对欧美资本的引进较为匮乏。而亚洲地区的外来资本大多集中于制造业，致使现代服务业相对缺乏资本支持，这对厦门的产业转型是不利的。除此之外，厦门2015年新开工计划超十亿元的大项目也多集中于厦门的传统强项电子产业，虽然有利于电子产业的进一步优化升级，但是同时相对削弱了其他产业对资本的吸收，这也不利于厦门的产业转型。

从知识与技术看，厦门2015年高新技术产业从业人员528030人，占厦门总从业人员的40%(厦门市统计局，2016)。值得注意的是，中国高新技术产业的统计口径与欧美各国略有不同，所以这一统计数据很难与欧美城市进行直接比较。不过与中国其他宜居城市(威海、昆明等)相比，厦门的高新技术产业从业人员比例较高，高新技术产业人力资本有一定优势。厦门2015年高新技术企业达1000家，高新技术产业产值3315.86亿元，高出全市工业增长3.5个百分点；登记科技成果共367项，国内专利申请量1.64万件，其中发明专利申请4316件，每万人发明专利申请11件。与此同时，中国的宜居城市苏州发明专利申请数为43241件，每万人发明专利申请43件，可见厦门在知识积累和技术创新上还有较大短板。

从人力资本和劳动力市场看，厦门全市常住人口中，15～59岁人口为2832976人，占总人口的80.22%(厦门统计局，2016)。可见厦门劳动年龄人口十分充足，相较于发达国家宜居城市70%左右的劳动人口，厦门在劳动力数量上有较大优势。厦门常住人口中，具有大学(指大专以上)程度的人口为628560人，占比约17%。参考哥本哈根高等教育人口可达40%，厦门的劳动力的受教育程度还有较大提升空间。虽然欧洲城市的高等教育具有一定先发优势，但是与中国国内一些城市，以及新加坡的高等教育人口相比(比新加坡少6%)，厦门仍有比较大的差距。总之，厦门的劳动力数量相对比较充足，但劳动力质量仍需进一步提升。

从信息角度看，厦门的信息技术服务业发展较好，2015年规模以上信息传输、软件和信息技术服务业实现营业收入220.76亿元，增长27.6%。厦门软件园区的建设也日益完善，软件园二期已拥有入园企业1085家，是全国重点软件和信息服务产业园区之一，培育了美图秀秀、四三九九、美亚柏科等全国知名的本土企业。厦门在信息技术服务领域已经初具规模，与世界发达国家的宜居城市相比，厦门在信息生产、加工方面已经建立了一定优势。我国2015年的平均网络速度为6.9Mpbs，与发达国家宜居城市尚存一定差距，但是随着近几年网络的大幅度提速和互联网产业的快速增长，中国目前平均网速已经达到133.60Mbps，根据作者对2021年对厦门不同家庭网速调研的数据，目前厦门家庭的网速一般在90Mbps左右，因此，在网络速度方面厦门超过了不少发达国家的宜居城市。

从人文环境与舒适性看，厦门在中国宜居城市中，具有较好的人文环境与舒适性，但是与世界发达国家的宜居城市相比，在文化设施、文化活动以及文化产品上仍有一定差距。厦门目前有公共图书馆10座，博物馆3座，文化馆8座，与发达国家宜居城市动辄数十个文化设施还有巨大差距。厦门目前规模以上文化法人单位分行业从业人员57543人，占总从业人员的4.7%。与各发达国家宜居城市差异不大，处于同一水平。

5.4 宜居和宜业目标下经济发展和提升路径对策

针对厦门经济发展现状，结合发达国家宜居城市的发展经验，厦门宜居城市经济发展应当从产业结构、资本引入、科技信息、社会人文四个方面进行考虑。

5.4.1 优化产业结构，掌握关键技术

库兹涅次（Kuznets）、钱纳里（Chenery）和赛尔奎因（Selquin）等知名经济学家曾指出产业结构优化对经济总体产出增长有显著影响。蒋勇和杨巧（2010）通过实证研究也证明了厦门市产业结构升级与经济增长之间存在双向因果关系。产业结构调整和优化升级促进了经济增长，同时经济增长反过来也加速了产业结构调整与升级，两者互为促进。自改革开放以来，厦门市能

够较好地依据该市政策优势、地域优势、区位优势、资源优势，通过产业结构的优化升级和合理布局，促进经济较快增长，同时产业结构也能依据经济发展水平及时做出调整，适应经济增长的需要。但是随着宜居城市目标的提出，厦门市的产业结构与发展路径应当进一步提升优化。

首先，坚持走新型工业化道路，提升产业发展水平。要着力发展先进制造业，重点提升电子信息、高端装备制造、石油化工等产业，积极推进制造生产活动向设计研发活动转型。要加快发展光电、新材料等高新技术产业，逐步形成高附加值产业集群。要充分利用海洋资源优势，推进海洋新兴产业和绿色生态产业发展，积极利用临海优势和生态优势与其他城市形成差异化竞争。加快培育特色优势产业，着力培育产业集群，形成具有较强竞争力的现代产业体系。通过厦门优势产业的提升和转型，在维持经济平稳运行的同时，能够进一步提高经济产出。通过传统制造业的生态化，绿色化和循环化，在保障就业稳定的同时，能够减少资源的消耗与污染的产生。

其次，以自主创新提升产业技术水平，大力发展高端制造业。在经济增长的同时，政府和企业要加大对制造业自主创新的投入力度，把自主创新作为调整和优化产业结构、转变经济增长方式的中心环节，不断提高原始创新、集成创新和引进消化吸收再创新能力。要整合科技优势资源，着力开发拥有自主知识产权的关键技术和配套技术，加快科技成果转化，形成一批具有较强竞争力的制造业企业、品牌和产品。自主知识产权的关键技术能够提高厦门制造业的整体竞争力，进而成为拉动厦门经济发展的增长点，也是与世界其他宜居城市竞争的关键点。

再次，加快现代服务业建设。在对台合作过程中，除了引进台湾制造业，应当吸取台湾文化产业等现代服务业发展经验。要充分发挥环境优势与生态优势，加快现代旅游业发展，创建知名旅游品牌。要借助金砖会议和“9.8投洽会”的经验，积极振兴现代会展业，打造中国会展名城。现代服务业，如保险、金融、信息服务等产业，是发达国家宜居城市经济的重要组成，其不仅能为厦门制造业提供相应的资产管理、信息咨询等服务，还可以稳固厦门海峡西岸经济区中心城市的地位。旅游会展业的发展既可以彰显厦门特色，推动厦门经济，同时更可以提升厦门城市环境，加强厦门基础设施建设，从而使得城市宜居性进一步提高。

最后，完善配套性服务业。在发展规模以上产业的同时，要积极健全各类配套性服务业，要鼓励大型企业投资配套性服务业，通过其资金和管理优势，提升服务品质，加强服务质量。应当适度放宽小、微企业从事配套性服务业的审批门槛，扩大小、微企业经营范围，充分利用小、微企业的数量优势，激活小、微企业在服务业中的经济活力。配套性服务业的完善，不仅能够吸纳城市的富余劳动力，还可以增强城市宜居性。大型企业的参与可以起到龙头作用，提升服务质量，小、微企业的参与可以发挥数量优势，完善服务覆盖。

5.4.2 加强投资环境，拓宽资本来源

首先，在加强产业园区，高新技术开发区建设的同时，完善城市基础设施建设，改善投资硬环境。产业园区和高新技术开发区的提升，有利于工业投资的落地与启动，而城市基础设施的提升，更有利于现代服务业投资的引入。加强厦门对外交通建设，成为连接我国台湾地区以及东南亚各国的枢纽城市；加强厦门对内辐射能力，成为海峡西岸经济区的人流、物流中心城市。通过城市基础设施以及交通设施的提升，不仅有利于创建优秀的投资硬环境，还可以为居民创造更宜居的城市环境。

其次，加强投资软环境建设。发挥政府的服务性职能，将一系列改善投资环境的政策落到实处。切实做好简化审批、改进服务、提高效能的工作，打造优质的投资发展环境。提高政府办事效率，提高为企业服务的水平，做到简政放权，使得企业的行政审批尽可能精简，降低市场准入门槛，达到鼓励投资的目的。完善税收体制，加强税费改革，减少行政事业性收费，改善企业投资环境，切实为企业减轻负担，营造极有吸引力的营商环境。通过投资软环境的提升，能够进一步释放大中小型企业的经济活力，在吸引更多资本进入的同时，为居民提供更多的服务和选择，改善了居民的消费环境和居住环境。

再次，发展资本市场，完善风险投资机制，拓宽资本来源渠道。资本市场为企业提供资金来源，是企业投资和发展的必要前提条件，完善的资本市场有利于企业的融资投资，以及风险规避。在目前的投资结构中，非公有制经济投资已经成为重要的组成部分，厦门应完善资本市场，改善融资环境，尤其是改善小、微企业融资环境，为民营企业提供广阔的发展空间。同时应完善风险投资机制，应形成以民间资本为主的风险筹资和循环机制，并且吸引

国际风险投资进入，鼓励高科技产业发展，为高风险、高收益的高新技术产业创造良好的发展环境。

最后，优化利用资本结构，加大第一、第三产业引资力度。目前厦门引资结构以第二产业为主，第一产业和第三产业引资水平偏低。厦门应加强资本流向的引导，加强加大对配套性服务业和现代服务业的资金支持，优化利用资本的结构。引导资本进入第一产业，加强农业基础设施的改造，引进高效安全的农业生产技术，生产绿色农产品，打造生态农业，发展休闲农业，打造具有厦门特色的农业产业。加强第三产业的引资力度，引导资本进入批发和零售业，住宿和餐饮业，水利、环境和公共设施服务业，交通运输、仓储和邮政业等传统服务业，同时在信息传输、计算机服务和软件业，金融业，科学研究、技术服务和地质勘察业，租赁和商务服务业等现代服务业中应当加强外资与本土企业的交流合作。引资的同时引进技术，学习先进的管理理念和服务理念，实现厦门服务业的全面发展。在稳固港澳台商投资规模的基础上，更加注重吸引北美洲、欧洲、大洋洲等国家和地区的优质外资，借助投资贸易洽谈会、国际友好城市活动、网络宣传等多种方式和渠道，联系外资、吸引外资、注入外资，并通过引资活动宣传厦门的优惠政策以及发展前景，打造有国际知名度和影响力的地域经济综合体。

5.4.3 提升信息产业，积累知识技术

目前，信息技术已经深入到社会经济的各个层面，信息流也成为城市经济最重要的要素，拥有信息流畅无阻的信息基础设施，是一个城市得以不断发展的重要条件。因此，厦门应当加强城市信息基础设施建设，提升城市信息化的竞争力。先进的信息基础设施是推进城市信息化的前提条件，信息基础设施是利用数字化技术，以宽带大容量光纤为主，卫星和微波信道为辅的传播通道，这要求厦门进一步提升有线网络与无线网络基站的投入。除了发展信息的硬环境，如接入网、基础核心网络和宽带传输网等基础设施，还要完善信息的软环境，如基础国情、公共信息资源、宏观经济数据库及其地理空间信息系统，以全面地建设厦门信息网络。信息基础设施的建设不仅有利于信息产业的提升与发展，还有利于城市管理的优化，进而提高城市公共服务质量与城市宜居性。

其次，大力发展信息产业，提高城市信息化的整体水平。政府应当尽快制定和规范信息产业标准，健全信息产业评估机构和机制，提高信息产业质量。与此同时，要放宽市场准入机制，扩大对外开放程度，多渠道筹集资金，为信息产业的落地与建设创造透明高效的营商环境。要鼓励中小型网络服务商兼并重组，组建大型信息服务企业，通过大型企业的带动作用和龙头效应，提高信息产业的质量并打造产业集群。通过运用信息网络技术，促进产品开发、设计、生产和物流配送，提高传统产业的信息化水平。

再次，重视信息科技人才的引进与培养。根据信息产业发展特点，引进适用性产业人才，以及高中低各层次人才。针对信息产业从业人员年轻化的趋势，适度放宽人才引进落户等政策；鼓励信息产业人员的培训，承认市场化的培训机制与教育机制，扩充信息产业劳动力数量；大力引进国内外高等级人才，特别是具有世界眼光，精通国际规则的高层次创新和管理人才。

最后，重视技术资本积累，增加科技研究投入。鼓励大型企业进行科技研究，对有重大突破的研究成果给予奖励；对开展科技创新研究的中小企业给予适度政策优惠，以及经济补助，激发企业进行科技创新的积极性。针对厦门高等院校以及研究机构，进一步给予政策支持，鼓励各科研机构从多方面进行研究，增强知识与技术的多样性，特别是加大对大学生创新能力教育和培养的投入。奖励个人实用型发明专利申请，激活大众智慧，营造科技创新的社会环境。通过对科技研究的支持与鼓励，能够弥补厦门在技术竞争力上的不足，为高附加值产业的培养创造良好的技术背景。

5.4.4 补足文化短板，发挥宜居优势

目前，厦门在文化产业，文化氛围以及文化设施等方面都与发达国家宜居城市有一定差距。但是在国内的大环境下，厦门的整体发展情况相对较好，所以厦门应当率先补足文化短板，发挥其相对的宜居优势，吸收优质人才与资本进入，再反作用于宜居城市建设，最终实现世界先进宜居城市目标。

首先，完善文化设施覆盖，加速文化产业发展。文化产业的发展，文化氛围的形成都有赖于城市之完善的文化设施与优秀的文化人才。厦门应以厦门大学等高校为依托，以各级文化部门为载体，积极组织各类文化活动，吸引市民广泛参与，为文化产业创造生存土壤，对文化类企业给予一定的政策优

惠与税费减免，对优秀的文化产品积极推广宣传，吸引更多的文化资源聚集。社会文化氛围的建立，往往不会直接提升城市经济的发展，但是富有吸引力的文化品牌会给城市带来众多的正面效应，尤其能够扩大城市知名度，为城市起到良好的广告作用，良好文化氛围同时也提高城市宜居性。

其次，厦门在中国长期享有宜居城市的美誉，厦门应当巩固宜居优势，打造宜居品牌，使城市的宜居性成为吸引人才和资本的重要工具。通过加强人才与资本的引进，进一步回馈厦门宜居城市建设，扩大比较优势，从而在城市竞争中建立绝对优势。宜居城市建设与城市经济发展存在对立统一的关系，应当在不同阶段有所侧重，在城市宜居性保障与城市经济发展之间实现动态平衡。

6 宜居社区及社区适老性建设

6.1 宜居社区内涵以及适老性研究的意义

吴良镛（2001）在其人居环境理论中提到，人居环境包括五大系统：自然系统、人类系统、社会系统、居住系统（建筑物）、支撑系统（网络），其中人类系统和自然系统是两个基本系统，居住系统和支撑系统是人工创造和建设的结果。五大系统内形成紧密的联系和互力作用，共同形成人居环境的整体性。以吴先生的理论为依据，宜居社区所包括的内容应当涉及居住环境、社会环境、经济环境三大主体的健康发展。

城市社区是城市的基本单元，是一定城市地域内发生各种社会关系和社会活动，具有特定的生活方式，并具有归属感之人群所组成的一个相对独立的社会共同体。社区不是住宅的堆砌，而是关注人本的尺度与混合，关注居民与城市的紧密联系，实现综合、高效的社区从而有效承担相应的城市功能，减缓城市的压力。在这个意义基础上，社区在城市发展中发挥了重要的单元作用，社区已经成为城市基层管理、服务居民和开展社会工作的平台。城市发展需要依托社区，解决社区矛盾，维护社区的健康与公平，激活社区能量，才可促进城市的全面发展与进步。因此，“宜居城市”的建设首先需要从城市的基本单元“宜居社区”入手，城市内生活在不同社区的居民们无法感觉宜居，这个城市就谈不上宜居。

近年来，我国社区评估研究发展迅速。其中研究的主题基本以生态社区、和谐社区、可持续发展社区等为主。生态社区以一个开放的复杂生态系统为核心，其内部环境与外部环境通过生态流产生联系并处于动态发展变化中。有学者采用层次分析法从生态社区系统内部、系统与外界之间的关系、系统自身的发展等方面分析生态社区，并设计了评价指标体系。生态社区所包含的内容涉及生态适宜、环境健康、生活便利、景观优美、文化和谐、管理高效。

和谐社区强调社区建设应具备社会主义和谐社会的基本特征，强调社区发展规划、社区组织建设、社区制度建设、居民参与机制、居民日常生活需求、保障和救助、居民的个性化需求、志愿服务和慈善事业、社区安全机制、社区治安状况与和谐社区建设等。

社区的可持续性则侧重于社区系统的可持续发展，主要考虑社区的自然、经济、社会三者的可持续发展，可持续社区涉及社区生态承载力、生态环境、建筑、经济环境、基础设施建设、文化和安全等内容。

目前我国以宜居为方向的社区研究还不是很多，仅有少数学者针对小区的适宜居住性进行研究。他们运用生态学原理和遵循生态平衡及可持续发展的原则，强调了资源的稀缺性，坚持资源保护原则、资源再利用原则、自然环境保护原则，提倡恢复和保护环境的自然状态，创造健康无毒的环境。还有学者选取社区设施、出行的便捷性、社区安全性、环境的健康性、空间满意度、社区归属感等对宜居社区展开研究。在中国博鳌房地产论坛上，太原市兆伟房地产开发有限公司提出“城市宜居社区十大标准”，从城市发展度、交通便利度、社区纯净度、建筑审美度、花园生态度、景观共享度、空间舒适度、公共空间私享度、配套完善度、家园感知度等十个方面全面考虑适宜人类的居住环境，追求人与人，人与自然和谐共处的可持续发展的生存理想，促进城市向良性循环发展。然而至今为止，宜居社区的研究及其评估体系的构建还在探索阶段，尚未形成成熟的研究成果。

在人口老龄化方面，相关的研究在近几年越来越多。人口老龄化作为世界人口发展的一个趋势，日益成为社会经济发展和现代化进程中的全球性、战略性问题，将重塑人类社会发展的未来格局。据联合国对191个国家和地区的统计，1999年已进入老龄化社会的国家和地区占比32.4%(包括中国)，预计到2050年这个数字将剧增到91.6%。而其中增长规模最大、速度最快的是发展中国家，21世纪的中国是一个不可逆转的老龄化社会。2017年我国65岁以上老年人比率高达8.5%；2021年，根据全国第七次人口普查数据，65岁及以上人口已经达到19064万人，占总人口的13.50%(国家统计局，2021)。人口老龄化的增长速度非常迅速。毫无疑问，在今后相当长一个时期里，还将面临着持续迅猛发展的态势。我国的人口老龄化呈现出“未富先老，未备先老”的特点，养老问题成为我国未来发展道路上的重大挑战。从长远的观点来看，老年人口在各国增长很快，老年人所占比重逐渐增大。研究老龄问题已不仅仅是为了解决老年人的生活环境问题，更重要的是有利于促进社会的发展和稳定。因此，社区的宜居性必须考虑老年化的社会问题，并提供相应的服务设施。因为宜居城市和宜居社区必然是一个包容的城市与社区，老年人的宜居，适老性的社区应当是宜居城市和社区的要素。所以宜居社区在规划和建设中考虑适老性的问题是宜居社区建设目标的一个重点，这也与中国目前的养老模式和传统的伦理道德有密切的关系。

目前我国城市现行的养老模式是以家庭养老模式为主导，以机构养老、社区居家养老为辅助，以自我养老为补充的多元化养老模式。家庭养老模式是我国现阶段被广泛采用的，在中国，家庭是人们精神的寄托，在传统的孝道思想下，子女希望赡养含辛茹苦将自己养大的老人以尽孝道，这既是责任，也是义务。

伴随着城市化进程的加速，社区配套设施的更新完善也在同步跟进，加之民族传统养老观念和经济文化发展水平的影响，与机构养老相比，我国老年人更倾向于在居家养老。然而与广大老年人的养老意愿相矛盾的是，随着社会发展和家庭结构的演变，独生子女家庭“四二一”的结构比例让“80后”（及“90后”）不堪养老重负，家庭养老功能正在趋于弱化。为了应对这一供需缺口，经过多年的研究和实践，以在家居住-社区服务-社会支持为基本特征的第三种模式即“居家养老”的方式逐渐发展成熟，获得了社会的广泛认同，由于社区居家养老能有效减轻我国老年人机构养老的压力，发展社区居家养老服务已成为当前乃至未来我国应对人口老龄化的必然选择。越来越多的老年人选择在家或者在社区安度晚年，因此对社区的规划和发展提出更高的要求。

国外学术界在养老模式的研究方面，主要的关注点放在居住环境的适老性（包括居住环境与老年人行为之间的适应性和居住环境的适老性评估等）、老年人居住需求和偏好以及老年友好城市的界定等方面。例如，美国退休人员协会（AARP）所关注的“Livable Community”（宜居社区）研究，在数量、范围、领域的全面性和权威性等方面都具有领先的地位。在居住环境方面，美国绿色建筑协会专门制订了由五个环境类别组成的LEED评判标准。

显然对于老年人在社区的生活，考虑到老年人行为能力和身体条件，他们与诸多外界环境障碍之间的关系是研究的重点。无障碍的通达性（accessibility）是老年人社区活动相关研究必须考虑的要素（Ståhl等，2008）。在适老性住房设计上强调了住房功能的可用性（usability），提出更多地考虑到老年人个体的居住需求和偏好、老年人与环境之间的适应性（Ståhl和Iwarsson）。屏括特和伯梅迪（Pinquart & Burmedi，2003）建立了老年人居住环境综合评估指标体系，并针对性地给出了改善和治理的计划和措施。

6.2 厦门社区现状分析

6.2.1 老旧小区的问题

1）住宅条件有待改善

对厦门老旧小区的调研发现，居住在老旧小区约70%的居民对其所居住的社区以及住宅户型不满意，尤其是老旧小区陈旧的设施和阴暗的户型设计很不满意。例如厦门仙阁里小区由于历史的原因，这个在20世纪建造的这些老旧小区的户型设计并没有认真考虑人的生活习惯和需求，设计和建设缺乏人性化，很多房间的朝向差、窗户小及采光少。同时厨房面积小，厕所没有做到干湿分离，在使用中有诸多不便。不少建筑存在年久失修的管道设施，出现腐烂和漏水现象。因此在一些没有物业管理的老、旧社区内，业主擅自将自家户型进行重新设计和扩建，这一举动引发了周边居民的不满和担忧。因为这些无物业管理的小区大多为砖混结构，业主的擅自修改行为可能对公共楼房的安全造成隐患。但值得一提的是，大多数对于自己房屋不满意的业主考虑到经济、安全、时间等的因素，并没有实施整改措施。老旧小区户型存在的这些问题严重地影响了人们的生活质量，与人民对美好生活的向往和追求有比较大的差距。厦门作为宜居城市，有必要尽快解决，让所有的人都能真正享受宜居的生活。

2）基础设施供给不足

由于老、旧小区在当年建造时多是出于解决居民急迫的住房短缺问题而建设的，当时小区的建设相对简陋，不少小区内缺乏配套的基础设施，仅有的公建配套设施也因分布零散或被后期占用，无法发挥正常作用。供需矛盾最大的基础设施和公共设施主要涉及小区绿地、居民活动空间或场所、停车场和自行车库等。在环卫设施方面，公共厕所、果皮箱、垃圾桶配置不足，有些地方出现配置空缺。缺乏公共照明设施。消防设施设计不达标，高层建筑没有配备专用消防泵和消防控制柜，消防设施遭受人为损坏或被盗取现象严重，存在比较严重的安全隐患。

3）环境、秩序维护不到位

老、旧小区自建成后就一直缺乏系统的保养和维护机制，后期逐步产生一系列问题，例如房屋基础设施与本体老化，质量问题得不到妥善维修：楼体外墙粉刷老化脱落；楼道墙面污损，楼梯扶手锈蚀；居民楼房顶层防水设施功能退化；楼房原有排水系统堵塞、破损，雨、污混流；小区路面硬化程度低，破损严重；私搭乱建挤占公共用地和消防通道；小区绿地缺乏维护，被挤占、破坏；违章建设、破院开口多；无证摊点多；占道停车现象严重，已成为影响城市整体形象的顽疾。这些问题都对住户的基本居住条件和小区的整体环境和面貌造成严重不良的影响。

4）治安问题有待改善

因管理不善或没有管理机制，加之早年建设采取了开放式的社区模式，没有对小区采取封闭措施，人们可以自由进出。虽然有利通行，但在有一些小区出现外来人进入小区扰乱居民正常生活，影响了小区的安宁，甚至出现入室盗窃、机动车盗窃等案件，开放式小区治安情况比较复杂。究其原因，主要是在管理缺失或不到位。此类小区开放式的特征，安全管理松懈，无围墙封闭、无门卫保安、无门禁，照明设施不足，存在不少安全隐患。在人员构成方面，此类小区人员流动量大，居民成分比较复杂。

5）业主自治和居民参与程度低

值得关注的是一些老旧小区的治理难题来自小区居民自身。从普通居者转变为小区业主，不仅转移了物业权属，还包括了治理上还权于民。但是一些老旧小区居民不习惯于自己管理自己的居住环境，参与社会事务的积极性不高。由业主组成的业主委员会参与开放式老旧小区自治、形成小区治理，还需要小区居民共同转变观念，共同参与，这是一个漫长、渐进的过程。

6.2.2 社区公共空间利用现状和存在问题

厦门是一个民间信仰较多的城市，一些城中村有供奉保护神的宫庙以及供奉祖先的祠堂。这些宗教空间通常位于社区较为中间的位置。从使用上考虑，这些宗教建筑不会每天都在使用，一般仅在庙会和重要节日的时候才使用。例如，殿前社有仙公宫、安兜社青辰宫、岭兜社宏济殿、古地石社寿亭殿等。类似城中村，或老旧小区都面临用地紧张，很多城中村社区无法为当地居民提供适宜的、有利人们身心健康的公共活动空间。可以将这些宗教设施的空间提供给当地居民，在非宗教活动时间段，作为当地居民活动的公共场所。实际上，目前有一些宗教设施已经被当地居民作为日常活动的公共场所，例如殿前社仙公宫和岭兜社的宏济殿被当地居民作为打纸牌的场所，殿前社清水宫成为居民泡茶、聊天、交流的公共空间等。当地的老年人在平日时间，会将桌椅等器具搬到外部场地，以此等待或召唤其他老年人前来泡茶、聊天或打牌。这种情况在很多城中村发生。历史上宗教或宗族建筑也是当地居民集聚举行活动的场所，现代社会进一步延伸了这些建筑的功能。厦门还有一些街道、社区将老旧的剧场和集会地点重新规划设计、并改造，使其成为满足市民日常活动的广场和具备闽南特色活动的场所。

厦门市区的大部分老旧小区中，基本上都留有一块供市民游乐的公共空间或景观绿地，这些绿地和公共空间构成了市民们茶余饭后的休闲之地，还有不少的社区并建有健身器材和休憩场所。不过应当指出的是还有部分老旧小区中，绿地的覆盖面很小，缺乏物业维护，甚至有的绿地已经被一楼的住户改为自家的菜园。街道和路面上的垃圾不少，路面整洁度有待提高。

6.2.3 21世纪后建设的新型居住小区

21世纪以来设计和建设的新型小区，由于设计的规范化，商品房市场的发展，基本上社区内的绿地率都比较高，公共空间丰富多样，路面整洁，在物业的管理下，井然有序。

但是新小区存在一定程度上的邻里关系缺失。人与人之间的相互信任是社区宜居的基础，也是城市建设与城市管理的社会资本，具有资源性、枢纽性的意义，人与人之间的信任是通过社会交往产生的。在新建的小区，由于新厦门人居住较多，本地长住居民数量较少，人与人之间交往的频率低且停留在浅层交流。加之小区内居民自我保护而互相防范、不愿过多泄漏隐私，从而出现了人际关系淡薄、信息沟通不畅、缺乏邻里间的感情交流和相互的认同感的现象，人与人之间缺乏信任。“社区”的概念本应该是由具有共同的价值观的人所组成的关系密切、相互帮助、人道的社会关系群体，在一些新小区因为缺少了邻里间的信任，造成邻里关系的缺失，成为制约小区发展的难题。

虽然城市内的新社区多数已组建业主委员会管理小区事务，业主也拥有自己的微信群，社区也会定期举办面向整体业主的文化活动，然而这些并没有从根本上解决邻里关系的问题，人们依然在现实生活中有很重的防备心理以及保持和其他人的距离感。

6.2.4 厦门市社区适老性分析

我国人口老龄化现象非常严重，厦门也不例外。然而，因为我国的经济发展状况导致了养老问题在21世纪后才开始重视，大多数的老年人都处于未富先老的状态。厦门与我国其他城市一样，年轻人和小孩白天都需要外出学习和工作，留在社区时间最长的基本上都是老年人、婴幼儿和部分家庭主妇。另外由于中国的国情和传统文化，我国大多数老年人更愿意选择居家养老，因此，社区的适老性是必然应当是宜居社区重要的标准之一。

1）厦门老年人住宅的问题

根据对厦门政府有关部门和社区的访谈、调研了解到，20世纪70—90年代之前的住宅区主要分布在厦门岛内，目前这些住宅通常主要住着老年人，建筑结构大多为砖混结构，但住房规划和建设标准低，几乎没有车库、电梯、坡道等配套设施，甚至原来的一些设计和设施对人们的生活构成了一定的障碍和危险。

20世纪七八十年代以前的住宅一般在5～7层不等，墙面有明显老化的痕迹。1990年代以后建造的住宅，外观保存尚好，这些住宅建筑高7～8层，甚至有9层，但是同样都没有电梯，楼梯间窗户一般为木窗或铸铁窗，部分重新装修为pvc塑料窗，入口、楼梯都没有考虑无障碍设计和设施。根据实际考察，1990年代以前建造的在当年设计时都没有考虑符合老年人的生理及心理需求，少有无障碍设计，不能满足老年人居家养老的全面要求。而且住宅户内的居住条件除了最基本保证外，几乎很少能让老年人方便、舒适、无忧地居家养老。

21世纪以来，厦门建设的居住区总体来说拥有良好的物业管理水平，也具备完善的周边配套，小区内的无障碍设施，住宅的电梯和车库等设施相对俱全。调研和访谈中发现居住在这些小区中的老年人对于社区的满意度显著高于老旧小区。但是，住房内部适应老年人设施的只有在部分中高档社区得到体现，房屋内做出了区别于一般住宅的格局设计，对于绝大多数大老年人而言，他们居住的房屋和普通家庭的房屋并无差异。有不少厦门市民表述了他们对老年人住宅设施的要求，例如不少人提到应当在老年人居住的房屋中安装老年辅助设施以及根据老年人的身体情况能够对房屋进行局部调整，这些都是非常有必要的。

2）针对老年人的社会服务严重不足

这些年由于老龄化问题日趋严重，老年人问题引起社会的重视，厦门针对老年人的社会服务有了一定的发展，但是相对于人口老龄化快速增长中所出现的大量需求，又显得严重不足。从宏观上来看，我国服务业整体发展水平还有待进一步提高，使得以老年人为服务对象的老年社会照料服务发展受到一定影响。老年人社会照料的收费标准还有待遇需要进一步的合理化，相关的法律和规章制度也有待进一步完善。从微观上来说，老年人的收入水平普遍不高，因此，对于老年人而言，他们希望所能负担的社会照料服务收费越低越好，但是老年人社会照料服务由于各种费用支出却在日益增长，老年人服务的收费较老年人的收入来说是比较昂贵的。

老年日托中心、上门钟点工服务等已经在厦门的一些社区中开展，但是范围仍然较小，多数市民对社区提供的这些老年服务及其设施使用得比较少，但多数人也认为像日托中心，上门钟点工服务、老年食堂或者送餐都是非常必要的生活服务。目前的问题是这些相关服务投入多、支出多，但是获利低、服务质量不高。我国家政行业的服务人员多数是由城市郊县或者外地、外省进城的打工者充任，另有一部分是城市的下岗者失业者开始加入服务行业，绝大多数人没有经过专业的培训，并且许多家政公司也缺乏严格的监督管理，因此现在社区能够提供的老年生活服务质量是远不能满足老年人生活的实际需要。

6.3 城市社区宜居性提升路径对策

6.3.1 提升开放式老、旧社区宜居性

1.构建宜居社区多元化治理模式

(1)引入市场机制

在治理开放式老旧小区的过程中充分发挥市场的作用，顺应市场发展规律，合理采用适应老旧小区特点的物业管理模式，丰富治理形式。

逐步对老旧小区开展物业和准物业管理。地方政府对开放式老旧小区现状进行摸底排查，并委派社区居委会牵头成立业主委员会。对经过前期治理，在硬件设施及居民接受程度具备相应条件的小区，通过政府的支持和扶持力度，完善必要的基础设施，交由物业管理企业对小区进行管理。对收缴物业服务费难度较大、暂时难以实行物业化管理的小区，可通过“居民交、政府补”的方式筹措资金，由街道办事处或居委会采取招标的办法，选择专业服务公司提供必要的准物业管理服务，再逐步过渡到物业化管理。对楼院面积小、单体建筑少或软、硬件环境都较差的居民小区，首先应开展环境综合整治和硬件设施建设为主，为下一步的物业化管理奠定基础。

物业企业应因地制宜，制定出适合城市开放式老旧小区的物业服务细则和标准，着力提升物业管理服务质量，提升服务标准，扩充服务项目，增强服务意识，努力提高小区居民对物业服务的认可度和满意程度。政府有关部门应当做好对物业服务的监管工作，通过制定物业管理相关政策法规保障城市开放式老旧小区业主的维权途径畅通。严格掌控开放式老旧小区物业管理的市场准入机制，通过招标投标的方式确定进驻小区的物业企业，并落实保证金制度，杜绝资质差、服务水平低、标准不达标的物业管理企业入驻小区物业管理。提高物业管理从业人员素质，必须经过培训，通过统一考试，持证上岗。

(2)有效引导居民参与社区治理

培养公众参与机制，特别是由开放式老旧小区居民自主参与治理，较之政府、市场主体的治理成本来说，是成本最低、效果最好的治理模式。这是我

国城市，包括厦门在内的老旧小区居民参与治理机制的有效途径和机会。

为了促进居民参与社区的治理，应当构建合理的制度，为居民搭建参与平台。具体包括建立健全居民参与社区民主议事的各项制度，增强居民自治意识，保障广大居民对社区事务的知情权、参与权和建议权等基本政治权利。提高社区民主自治水平，积极推进社区居委会的直接选举，完善居务公开、民主评议、事务听证和社区居民代表会议等各项制度。充分发挥社区居委会的作用，由社区居委会牵头，成立小区内业主自治机构，帮助小区居民实现由“居民”向“业主”的转变，通过组建社区居民代表大会、楼长座谈会等政策形式，促进小区居民行使自主权，使其成为加强基层民主的重要途径。

社区的治理应当使居民成为治理成果考核的主体。治理的效果如何，小区居民最有发言权，通过引导居民行使对居住小区治理的监督权，帮助居民理性认识自己在治理中的位置，激发居民踊跃参与小区治理的积极性，也促使治理行为更具活力。

通过宣传引导，使居民对行使自治权利有更深层的认识。创造居民参与小区治理的良好舆论氛围、动员居民共同支持参与小区管理。通过微信群、社区网站等新媒体，建立地方政府与居民以及居民彼此之间的沟通联系，定期向小区居民通报他们居住地的治理动态，对一些破坏小区公共环境的行为进行公开曝光。转变居民的观念，拉近居民同小区治理之间的距离，让“增强责任、共同维护居住环境”的理念深入人心，为居民自治营造了浓厚的氛围。

（3）推动社会组织发展

培育社会组织协同治理对于我国城市治理来说还是个新生事物，社会组织参与治理有利于分担政府治理的压力。社会组织具有非政府性、民间性、公共性等特点，能够起到加固和弥补缝隙的作用。

由于开放式老旧小区产权多样化、结构开放等特点，此类小区更易形成与推广社会组织的建设和发展。目前存在于开放式老旧小区的社会组织的主要功能包括社区便民服务和设施维修组织、矛盾调解组织、生理心理健康咨询组织、关爱妇女儿童、残疾人及其他小区弱势群体的保护组织、法律咨询组织、歌舞社团等。这些被俗称为“草根组织”的社会组织机构可以为开放式老旧小区的居民和其组织成员提供服务，致力回馈于开放式小区，逐渐形成一种新的资源和力量，在小区治理中发挥重要的作用。

由于开放式小区的组织形式多样，组成人员结构较为复杂，缺乏专业化治理知识，真正参与社区治理的经验还有待完善，这就需要政府对社会组织参与开放式老旧小区的工作进行扶持、推动和管控。对教育、医疗、法律援助等公益性给予政策上的倾斜，助推社会组织协助解决小区各种矛盾、加强社区基础设施建设、倾听和反映来自小区各方面的声音。

在社会组织自身建设方面，还需要不断强化其能力和水平的提升。开放式老旧小区社会组织只有主动参与治理实践，才能得到有效锻炼。充分把握各种参与开放式老旧小区治理的渠道和机会，遵守政府相关规章制度，增强小区居民对社会组织的信任和支持。

2.建立多元的资金渠道

根据目前我国城市的普遍现象，仅依靠地方政府财政投入，无法满足开放式老旧小区治理的需要，因此有必要考虑引入市场化的投资机制参与城市开放式老旧小区治理中，形成一种政府主导，社会共同参与的格局。在引入市场资金，推动社会共同参与的过程中，政府应当加大保障力度，建立科学管理机制，推动财政投入分配向城市开放式老旧小区治理倾斜，治理经费按计划专款专用。市场方面，首先考虑到老旧小区大多分布于老城区或城市商业区，区位优势明显，可将沿街经营性房屋出租，小区停车场或停车区域划定后，通过停车收费的方式补贴治理资金。还可以根据各地区的实际情况发动辖区单位、企业、社团和个人采取冠名、“认养”等形式，分别投资认领小区绿地、广场、休闲设施、活动场所等公共设施，积极促进其参与开放式老旧小区治理。

为了保障居民物业费的收取，必须健全物业管理相关法律，从法律层面规范针对开放式老旧小区的物业缴纳方式和收费标准，以物业管理条例指导价格为基础，根据小区的实际情况制定物业收费的价格和方式。小区居民更易于接受通过社区服务平台进行沟通，以此为媒介采取多种方式转变居民原有观念，解决居民不交、缓交物业费的问题。对于确实有困难的居民，可以采取帮扶措施帮助居民解决实际问题。建立合法、严格的收费体系，保障物业管理费用妥收善用，将物业管理费用使用账目定期向居民公示。

6.3.2 加强小区环境的综合治理

宜居社区需要一个有序的环境，对于城市内所有的小区，需要理顺管理体制、完善管理机制，重视对城市小区环境整治力度，优化居民的居住空间。

因此，首先需要政府有一定的投入，特别是加大基础设施的投入力度，逐步完善环卫、市政、交通等硬件设施。在加大投入的基础上，进一步提高开放式社区、背街小巷机械化保洁作业能力，针对开放式小区或无人管理的居民庭院，需要逐步扩大精细化环卫保洁覆盖范围。在保障环境卫生、市容秩序、交通畅通和安全的基础上，科学设置社区便民市场、便民餐饮点等各类便民点，满足居民群众生活需求的便民设施，例如早市，街区市场等。通过规定经营时间，强化监管力度，合理疏导各类经营业户，促进社会和谐稳定。早市、街区市场并非都是发展中国家非正规经济现象，在许多发达国家，街边、街区市场也是城市社区生活的一个重要设施。这类设施不仅仅为周边的居民提供了便利，也是城市活力和特色的体现。街边、街区市场可能存在的问题是管理上的问题，而非市场是否存在和设置的问题，因此对市场强化、精细化管理是必要的。

政府有关部门通力协作，着力对小区违章建设依法进行拆除，完善社区的公共服务设施和基础设施的设置。包括在主干道增加果皮箱，楼前增加垃圾桶，建立文化墙，修建居民健身广场。对部分老旧楼体进行外墙保温，节能改造，小区内实施绿化提升，改善居住环境，联合交警部门和当地办事处实施社区内交通微循环等。

对于居民楼需要开展楼道革命，发动小区居民对在小区及楼道公共区域内堆放的物品自行清除，开展环境卫生专项整治，达到楼道内无乱堆放、乱涂乱画现象。确保小区内无乱搭乱建、乱披乱挂、乱扔乱倒，无积存垃圾，无卫生死角，做到干净、通透、整洁、有序。

6.3.3 健全绩效考评

绩效考评是保障城市小区治理成效而进行的组织协调、督促检查、考核奖惩等措施和方法。科学的绩效考核制度能有效激励、提升地方政府和物业管理企业的积极性和责任感。应当制定好科学可行的绩效评估指标，以此作为对城市小区治理结果的考核和评价标准，对后续治理采取何种方式方法起到了参考作用，同时也便于根据考核结果制定下一步目标，作为城市小区治理科学的评价标准和定量依据。评价体系包括了对小区环境面貌、社区秩序、基础设施和公建设施的完善程度，小区居民的生活改善程度，以及对公共服务的满意程度等的指标和评估。

在城市小区治理的推进过程中，要严格落实目标管理、考核激励等相关制度，例如可以考虑采取“以奖代补”的措施，鼓励居民的积极参与。成立各方参与的考评组，制定完善、具体的督导检查工作方案，本着重视治理结果，居民满意度为最终目标的原则，对各政府职能部门、物业管理企业等治理主体的运作情况进行全程检查，做到调度、讲评、考核相结合，同时将督导结果通过社区论坛、微信群和门户网站进行发布。考评组要按照公开、公正、公平的原则，对治理工作的进度、治理成效、居民满意度等进行跟踪检查，减少考评中因为人为、主观因素造成的误差。力求通过绩效考评提高治理成效，增强居民满意度。

6.3.4 提高公共空间规划设计水平，促进和睦的邻里关系

“住屋平面”经历了从开敞的、自然式的状态到当今大都市高层密集、封闭而冷漠的公寓式住宅，这一过程将原有居住的丰富内涵被精简到最单纯的“住”。而原来的丰富内涵，诸如邻里的防卫性、安全感，行为的私密性与公共性、大中型的中介过渡——半私密、半公共领域的有机交织，儿童成长所受到的社区性开放式教育、对集体主义意识和互助竞争性培养，以及老年人晚年的愉悦和社区性寄托等问题，并没有在房宅之外的场所得以还原。因此宜居社区面临着邻里空间的现实建构问题。

在社区的规划设计中，需要强调住宅的细节设计为邻里关系的发展奠定物质基础。从建筑结构上着力消除滋生邻里矛盾的诱因，提高楼板隔声效能，加强卫生间的防渗透处理，改进设计，使管道排除堵塞得以方便进行等，同时重视住宅院落的规划。

格式塔心理学的闭锁原则认为，闭合的线条较开启的线条易被人接受，因为图形信息最多的部分是封闭的角和锐曲线，它比平铺笔直的线条包含着更

多、更复杂的信息内容。同理，不同的住宅布置以及外部空间形式所造就的知觉属性差异对居民产生的视觉及心理刺激效应也有所不同。通过对胡同、大杂院等外部空间与当今某些缺乏围合感的单元楼相比较，不难发现，在胡同及大杂院这样的封闭型空间里，居民的认同感与归属感趋强，而认同感和归属感则是宜居社区的必要前提条件。从这种认识出发，住宅布置上可以吸收传统院落空间的特点，将传统院落的向心性移植到规划当中，以两幢或以上住宅楼相对布置，单元出入口朝向同一个院落，使宅前空间相对独立。结合绿地布置，形成富于吸引力的邻里单元空间。院落当中只设一个出入口，对外封闭，因而具有相对的私密性和独立性；住宅单元入口面对面的布置，居民进出相互看得见，有利于提升邻里的熟识度。同时，针对不同的活动对象，院落进行适当的划分，分别设置供不同年龄人群使用的空间，为居民使用提供了多种选择。院落中儿童可以自在地玩耍，老人们在弈棋、拉家常的同时还可以注视院落入口，一旦有陌生人进入，可以引起大家的注意。大人们在照看儿童的时候，拉拉家常，从而达到增进交流的目的。因此，院落起到了促进邻里关系和安全警觉的作用。

一个宜居的社区内，富于吸引力的公共空间不可忽视。地缘感是邻里关系的基础，因此创造出能吸引公众的公共空间，借助这一媒介将居民的休闲、娱乐、日常出行予以综合考虑，使城市居民在共同的日常行为中达到邻里交往的目的，进一步巩固邻里关系。富有吸引力的公共空间必须具备下列特征：

（1）适当的服务半径，处于居民日常出行的交叉点。通常居民使用某一公共空间的频率与其距离公共中心的距离远近成反比。应当保证住户从家中步行抵达时间不应超过5min，即公共空间的服务半径在300m左右。而且公共空间的作用在于通过借助居民的日常行为而促进邻里交往，故公共空间的位置应设于小区中央，并且应当是居民日常出行的交叉部分。这样，便于创造出更多的接触机会，增大邻里交往的密度与频率。

（2）优美开阔的空间环境。只有环境宜人、尺度宽敞的外部空间才会对居民产生较强的吸引力。

（3）使用的多重性。就社会交往的意义而言，人的交往总是要借助于一定的行为媒介。因此，强调公共空间使用及功能上的多重性，即是强调通过该空间创造出多重的交往媒介，以满足各种不同类型居民的交往需求。这是一般小区中心绿地规划设计中常常疏忽的。在此空间中发生的行为仅仅是坐坐、看看、玩玩，可能只有部分老人因遛鸟、儿童因共同玩耍而达到交往，对于多数居民而言，小区中心绿地仅是一处休息的场所而非交往的场所，对于促进邻里关系乃至社区关系的作用是微乎其微的。

所以，公共空间在设计上应充分创造适应不同类型居民交往使用的行为空间。譬如，对于家庭主妇来说，其日常行为可能包括送孩子上下学、买菜、上下班、打羽毛球、散步，上述的行为均可能成为其社交中的一个交往媒介。如果在公共空间中设置了羽毛球场，就有机会结识了小区中的一批球友；如果公共空间的设计结合了超市、幼儿园等，则有助本地居民在购物、接孩子的过程中认识住宅附近更多的人，从而产生交往，加强地缘作用。中心绿地依托社区中心公建，通过必要出行活动的产生而“激活”中心绿地，使之成为人们休闲娱乐的自发性互动场所，而中心公建又因这一吸引居民场所的存在而提高了其使用率，二者相得益彰。

6.3.5 促进社区居民的交往

针对目前城市居民的日常活动居家化程度不断加强，无形中挤占了其离开住所，走向社区的时间。国内很多城市，包括厦门的城市社区居民习惯于回家之后待在室内，外部空间不具备潜在的吸引力，长此以往人们越来越不愿走向户外，寻求沟通与交流。居住在同一小区的居民，在很多方面有着共同的利益需求，加之人的社会属性决定了居民之间离不开打交道与互帮互助，因此，帮助社区居民转变邻里交往观念，有利于培养居民们积极的交往态度，从主观上能作出改变。强化社区居民重建邻里交往，有利于改善其社会支持网络，健全个体的社会功能，建设宜居社区。

为了实现这个目标，社区工作者需要让社区居民们重拾起对邻里关系的重视，因为邻里关系作为具有在日常生活上的支持与服务功能的重要社会关系，不仅有着历史传统，在现代社会还有着权利与义务的关系，如果单纯地只求付出或者回报必然造成互动关系的失衡，从而引起更多邻里之间的矛盾。另外，社会工作者在社区应更多地开展发挥邻里网络资源解决居民自身问题的活动，社会工作通过介入邻里之间的互帮互助，发挥促进者与支持者的作用，使居民间在不断的交往中建立普遍的信任感以及互相关怀的情谊，这是城市社区居民邻里关系走向成熟的基础。当然还需要加强教育宣传，借助各个方面的力量促使工作向良好方向开展，帮助社区居民认清新旧邻里交往模式的转变，从而能更自如地面对新时代下的邻里沟通与交往。

6.4 宜居城市社区“适老性的改造”提升路径对策

6.4.1 构建完整的“适老性改造”服务体系

全面构建完整的“适老性改造”服务体系，其中应当包括政策法规、适老产品研发服务、适老产品生产服务、“适老性改造”设计服务、“适老性改造”施工服务、改造配套维护服务和“适老性改造”评估服务等不同的子体系。各政策子体系之间又通过执行监管、社会干预、评估调适、激励协调等机制相互影响、彼此牵制。其中，尤以执行监管显得至关重要，要合理利用政策工具，丰富政策执行手段。

当然，社区“适老性改造”服务体系必然是在动态的更新构建中不断趋于完善的，更新过程中可以借鉴不同国家和地区的一些理念和实践结合本地实际情况提出全新的和具体的举措。例如，在社区构建为老年人服务的体系中，医务服务是必不可少的组成部分，可以利用资源整合平台积极争取在社区层面实现医、养融合，通过把为老年人服务的场所与社区医疗设施进行综合设置，也可以就近设置，尝试居家养老服务与高龄老年人长期照料计划相整合等方式逐步实现这一目标。

6.4.2 科技和适老性服务的有效结合

首先可以通过ICT(信息通信技术)技术，实施“行政流程重组”。为了更好地表述此概念，特以新加坡“电子政府”为案例进行说明。新加坡政府为了提高网上政务办事效率和质量，在构建平台前首先考虑将涉及老年人管理和服务部门的相关部门进行整合重组，从而提供周全无缝的政府服务。例如，若进行居室适老性改造，从申请到改造完成后的维护涉及10个部门。为了提高办事效率和质量，通过ICT技术对行政流程进行重组，由在整个过程中起关键作用的部门牵头，政府拨出专款，进而实现科技平台业务流程的统合协调，为公众和老年人提供整合的服务，并且将虚拟的ICT科技与实体服务进行无缝衔接，提高了办事效益与服务质量。

新加坡的经验给了一个重要的提示，在宜居社区的“适老性改造”过程中，应当与“智慧社区”建设相结合，以ICT技术为核心的“智慧社区”作为后台支撑，利用科技手段，满足老年人日常生活的需求，实现为老年人服务信息的联网运行和终端覆盖，最优化有限资源的配置。

目前在多数社区，对老龄人的科技关怀不到位或不足本质上反映了科技与社会需要脱节的问题。因此，在制定和执行相关标准时，可以吸纳相关的科技专家参与，还需要与扶持老龄产业发展相结合，通过鼓励引导科技部门的创新资金与助老科技进行对接，使企业对老龄化产业开发更有兴趣，加入为老年人服务的事业中。总之，科技将改变未来社会的形态，科技将使人更长寿、更健康，同时也将使人们的劳动习惯发生改变。人的工作时限将不断拉长，将来也能在科技手段的辅助下胜任更多的工作。

6.4.3 强化政策绩效的评估

需要通过建立科学的政策评估体系，加快探索构建全市统一的宜居社区“适老性改造”的科学评估指标体系，考核结果将为“宜居社区”提供丰富的数据资料。构建科学的老年人宜居社区的“适老性改造”评估体系，需要以公平作为价值标准，以老年人为本，将老年人的积极老龄化作为价值核心，并在这一价值标准的基础上进行制度创新。政策评估的重点是针对效果的评估，可以由政策制定部门（例如政府老龄办）执行，也可以委托第三方（如高校、非营利组织）等具体执行。任何评估方要完成对社会政策评估所需要和遵循的科学步骤和环节的设计。通过对宜居社区“适老性改造”的社会政策进行科学、客观的评估，才能判断一系列社会政策目标的实现程度和政策措施的直接后果，了解某项政策缺失可能导致的情况，明确政策的成本与收益、政策执行的障碍，以及政策过程的经验教训，依据科学的政策评估决定未来政策的走向。

在建立科学的政策评估体系同时，还应当设立评估考核结果反馈及激励机制。在对政策进行评估考核后，能够及时反馈评估结果，提炼试点成功经验，形成可复制推广的模板；总结失败教训，提出改进建议，为“适老性改造”政策的完善提供方向。重要的是，需要将评估考核结果与约束激励机制挂钩，将建议的整改、实施情况与相关政策优惠和补贴挂钩，确保奖惩机制的激励作用，提高政策效率。

老龄化将是我国未来很长一段时期必须要面对的问题，为了使针对老年人的服务规范化，需要通过立法，完善相关制度，提高政策的稳定性和执行力，国外一些国家在这个方面做了有益的探索。例如日本在养老保障体系建设过程中，其最大成果是2000年开始实施的“老年人介护保险”政策，在推行伊始就以《介护保险法》的颁布保障其顺利实施，在后期实践过程中逐步完善和修订，两者起到相辅相成的作用。通过立法，对有关老年人重大问题的政策予以规范和强制执行。可以在老年宜居社区建设的相关配套政策中借助法律的权威性，保障老年宜居社区“适老性改造”等项目的稳步推进。

7 宜居城市的交通

7.1 宜居城市交通的目标

基于宜居理念的城市交通或宜居城市的交通，是把城市交通的发展看作宜居城市建设和管理中的一部分，提升城市在交通方面的宜居城市综合指数，增加城市在交通方面对当地居民和外来人口永久定居的吸引力，创建舒适、公平、便捷、和谐的交通环境，使城市交通的自然环境和人文环境能够让更多的民众具有归属感。基于宜居理念的城市交通的核心思想是“亲民、便民、惠民”，指导原则是以人为本。基于宜居理念的城市交通要能够为大多数普通民众的不同方式的交通出行提供一系列完善的、舒适的、便捷的、人性化的交通设施，给民众的出行提供一个和谐、公平、舒适的交通环境，把惠及绝大多数民众作为出发点。

纵观国内外宜居城市，无论是以生活便利为主、环境宜人为主还是以社会文明为主，其在交通方面均体现出两大特征——“便利”和“人性化”，即便捷的对外、内交通，高效公共交通服务；重视发展绿色交通，鼓励慢行交通，构筑以人为本的街道空间和公共交流空间，注重细节，公共服务及交通设施的人性化、精细化发展。

一个城市的交通系统是城市宜居和城市生活质量高低的关键要素。城市交通作为城市发展的重要工具，其发展程度关系到居民日常生产和生活出行的便利性。一份在世界各国14个城市中关于城市生活质量的问卷结论显示，城市公共交通的品质非常关键（谢奇，2011）。交通的便捷性、舒适性和居民交通满意度等是反映城市居民生活质量、影响城市是否宜居的要素（Vuchic，1999）。

宜居城市的交通发展总体目标应当是：以推进城市的宜居性建设为根本目的，构筑“便捷、低碳、环保”的绿色交通体系，实现“少用地、少拥堵、少时耗、少费用、少事故、少耗能、少排放”等多目标整体最优（谢奇，2011；陆锡明，2014）。

7.1.1 少用地

少用地能够避免由于城市形态与空间结构的锁定而带来的城市交通出行距离长、次数多、小汽车依赖度高等不宜居问题。构筑合理的城市发展模式，强调土地利用与城市交通的一体化规划和建设，通过大力发展集约化的公共交通，促进城市交通与土地利用统筹整合，优化城市功能布局，人口和就业职住相对平衡，引导交通合理出行。

7.1.2 少拥堵、少时耗

构建多系统、多层次的交通设施网络，满足多样化的交通出行需求，交通系统间优势互补，无缝接驳，交通运行组织秩序规范，交通出行时间控制在合理范围之内，不发生长时间、大面积的道路交通拥堵情况，使人们的出行足够的方便、足够的快速，使民众能够以最少的时间损耗和最小的精力消耗，实现其出行目的。要合理衔接各种交通线路，避免不必要的绕远出行距离，使较远程的出行能够和社区中较短程的出行相结合，减少不必要的短程机动车出行。

7.1.3 少费用

交通设施规划建设应提高社会效益和经济效益，避免交通设施过度、过快建设，维持交通运营收支正常水平，保障城市交通可持续发展。要建设高效、便捷的交通系统，为城市发展尽可能减小时间和经济成本，交通系统能有效发挥城市发展的支撑和空间引导作用。

7.1.4 少事故

为出行者提供安全的出行环境，强化城市交通安全，确保公共交通无重大安全事故，道路交通事故率降至最低。城市交通能够保护交通参与者中的弱者，限制强者，促进社会的和谐稳定。同时，提高应急反应能力，确保事故发生时能得到迅速、妥善的处置，避免次生灾害发生。

7.1.5 少耗能、少排放

宜居城市的交通要给人以优美的环境、无污染的空间、舒适的交通感受。使人产生愉悦的心情，促进人的心理健康发展。以交通节能和交通减排为核心，形成低投入、低消耗、低排放和高效率的交通供应模式，鼓励居民采用环保低碳方式出行。

7.2 宜居城市墨尔本的交通实践

澳大利亚的墨尔本已连续六年（2011—2016年）蝉联“全球最宜居城市榜单”的榜首，在交通组织、规划设计、环境保护、宜居节能等方面具有先进的理念和成熟的经验。选取墨尔本在交通规划方面的三个最突出的方面进行梳理，提供相关的经验，为宜居城市的交通规划提供参考。

7.2.1 改善当地交通状况，构建20min社区

墨尔本未来的规划是积极打造一个20min出行距离的社区（郑泽爽，2015；The State Government of Victoria，2017）。20min出行距离社区是指步行20min即可到达商店、学校、公园、工作岗位和享受各种社区服务的地方，建设一个20min社区，依赖的是能够支持大范围地方服务设施的市场规模和集中度。目前墨尔本已经初步规划构建了一些20min出行距离的社区，例如未来的新区，包括凯西的Selandra Rise和温德姆的Riverwalk镇中心，都是类似的社区。具体的措施包括：改善咖啡厅、餐馆及商场等服务设施的可达性；建设小型的购物街，提供更多的社区级服务；建造更多的商住楼和开敞空间；外部出行以轨道交通为主，内部出行以常规公交、自行车和步行为主；提高公共空间的质量，创建充满活力的社区中心网络。这些措施可以确保所有居民，无论年龄和能力，在不需要任何交通帮助的情况下都可以轻易地获取他们所在

社区的日常生活服务。

日均短时间的交通出行能够促使人们有更多私家车以外的交通方式选择。这样的社区环境也很易于创造出安全、直接和愉快的步行环境，特别是这样的步行环境同时又能照顾到行动不便的人士以及携带婴儿车的父母等情况。20min出行社区，同时也鼓励通过非机动车的方式实现居民日常出行，降低城市拥堵率和实现交通可持续化。

7.2.2 完善的道路基础设施建设

墨尔本的城市交通十分注意秩序和人性化的管理（陈湛亮，2010；庄磊，2015）。墨尔本的城市道路纵横交错，四通八达，却并不宽阔，连接城郊和主要城区的主干道多为双向六车道。在纵向和横向交叉处设有高架桥，规划宽阔的绿化带。城区主干道的绿化隔离带一般在8～12m之间，市郊的交通绿化隔离带则在18m以上。城市道路上标线清晰，标志设置齐全醒目，与交通流量，流向很是匹配。弯道、坡道、学校和居民区必有醒目的标志提醒驾驶人要注意行车安全。

路面管理主要依靠完备的监控系统。市区道路视频监控装置很多，通常有标志提醒人们已进入监控区域。装置的布设信息是完全公开的，居民可通过地图和网络查到具体的安装位置。道路交通疏导主要由自动红绿灯控制，很少出现交通警察指挥交通或巡逻的现象。环城道路采取了电子感应方式收取过路费，电子感应器由车主向政府提出安装申请。收费时无需停车。智能系统会在驾驶人的账户中自动扣款，如不成功，管理部门会另寄账单，提醒驾驶人必须在指定期限内缴清费用，收费过程方便快捷。

7.2.3 便捷高效的公共交通系统

为提供高效安全舒适的公共交通服务，墨尔本政府在20世纪80年代就开始调整城市范围内的公共交通系统，墨尔本通过公私合营的方式运行公共交通系统，墨尔本的公共交通系统主要由有轨电车、城郊铁路、公共汽车三部分组成（陈湛亮，2010；徐艳文，2016；周江评，2016）。

墨尔本市的有轨电车路线四通八达，至今，墨尔本还在不断的提升有轨电车服务。在墨尔本市中心，有轨电车似乎是无处不在的，它们与小汽车，自行车和行人共享道路空间。在市中心以外，它们主要在地面街道上运行，偶尔沿着专用的路中分隔带行驶。墨尔本的亚拉电车公司运营全市27条总长250km的有轨电车线，网络规模为目前世界第一。在临近市中心的地方，沿着有轨电车站点周边，特别是能看到公园景色的站点周边，墨尔本加大了建筑的高度和密度。这样，一方面高层建筑的居民有很好的公园和市中心可达性，另一方面高层建筑的居民也为有轨电车提供了大量潜在和实际的用户。

作为对有轨电车的补充，一个发达的放射状铁路系统从城市中心向外伸展，覆盖范围远达都市区外缘。墨尔本的城郊铁路有11条主线，4条支线，全长372km(其中地下段4km)。以市中心富林德斯街总站为向心，全部以8节电气化列车运行，每日客流约50万人次。其列车为单层，内有空调，设大站车和每站停两种，周一到周六高峰期，大站车每20min一班，每站停为每10min一班；非高峰期则分别为30min和40min一班。星期日车次较少，平均1h一班。火车运营商还允许乘客免费携带自行车、儿童推车和婴儿推车上车，进一步拓展了公共交通网络能力。

墨尔本公共汽车网络拥有300多条线路，穿行于主要城区和轨道交通无法到达的区域，填补了墨尔本公共交通的空缺。公共汽车享有专用车道，车道用明显的黄线和标志标明。但其对比轨道交通，并没有特别方便，因为人口稀少的原因，通常只有15～30min一班。

三大交通网络相互配合，实施一票制和转乘无缝衔接服务，乘客只需持同一张有效车票就可在不同的交通工具间换乘，在火车站、电车上、公共汽车上都能买到车票，购票相当方便。换乘站点间的距离和接驳交通工具的起发车时间经仔细考量确定，乘客一般都能及时换乘另一种交通工具。另外，为方便换乘者，上落站点一般都提供了明确友善的标志标识、时刻表和各交通工具的信息。同时，各交通工具运营商都为陌生乘客准备了便携的行车指南小册子，乘客可轻松地在车站或者车上免费获取。残疾人士则可享受更多的乘车待遇，各交通工具的运营商会根据具体情况为残疾人提供差别化的无障碍服务项目，如残疾人专用车厢、残疾人上下车可伸缩踏板、残疾人专用座位和残疾人专门通道等，并有清晰明白的标志，提示其他乘客注意礼让。

为提高三大交通网络的运行效率，当地政府十分注重建设综合交通枢纽站点，并以此来组织交通。火车站通常充当枢纽站点的角色。大的枢纽站内通常汇合着各类火车线路，站外接驳多条有轨电车和公共汽车线路。

未来，墨尔本的地铁隧道将于2026年前完成，这是将火车网络演变成地铁式系统的关键一步，在更大程度上提高公共交通的运力。

7.3 厦门交通宜居性现状分析

对厦门交通宜居性研究采用了宜居交通因素SD法①进行分析和评价。该方法通过对32个单独评价项的SD评价结果的比较分析，得出厦门交通现状的基本情况，并归纳得出影响厦门交通宜居性的主要因素，同时探索潜在的原因。对32个单独评价项的SD评价均值，如图7-1和图7-2折线图表示SD所有样本的均值，左侧条形图表示标准偏差值。分析显示，总体上厦门市城市交通宜居度较好，有25项呈向上的峰值；得分较低的选项包括“停车收费标准”“非机动车停放点”“残疾人辅助设施”“公共交通平均拥挤程度”“道路平均拥堵状况”“非机动车专用道数量”和“机动车停车设施数量”等7项，其余

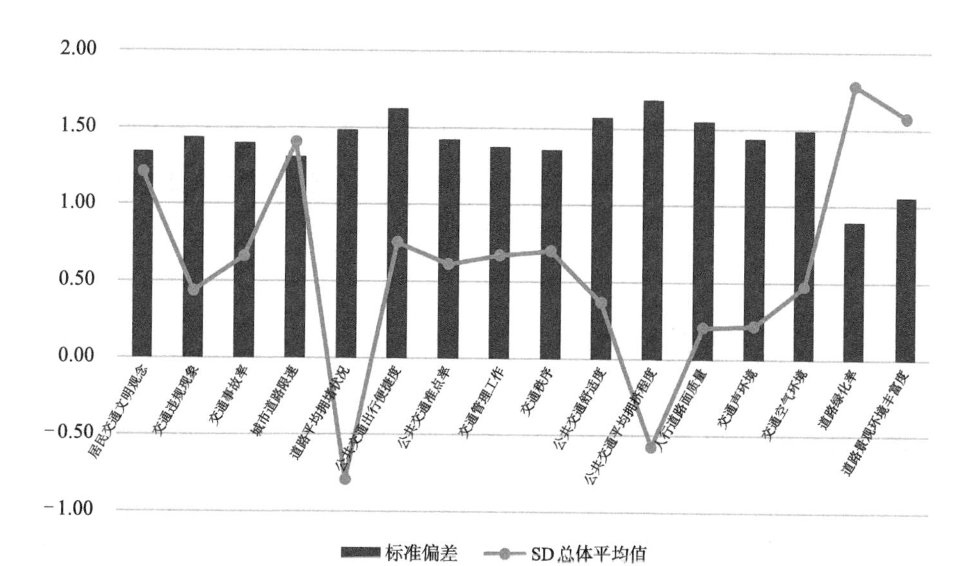

图7-1 厦门城市交通宜居度评价样本SD均值及标准偏差Ⅰ

资料来源：根据调研结果，作者自绘

① SD（Semantic Difference）法，又称“语义差别法”，由美国心理学家C.E.奥斯古德于1957年提出的一种心理学研究方法。

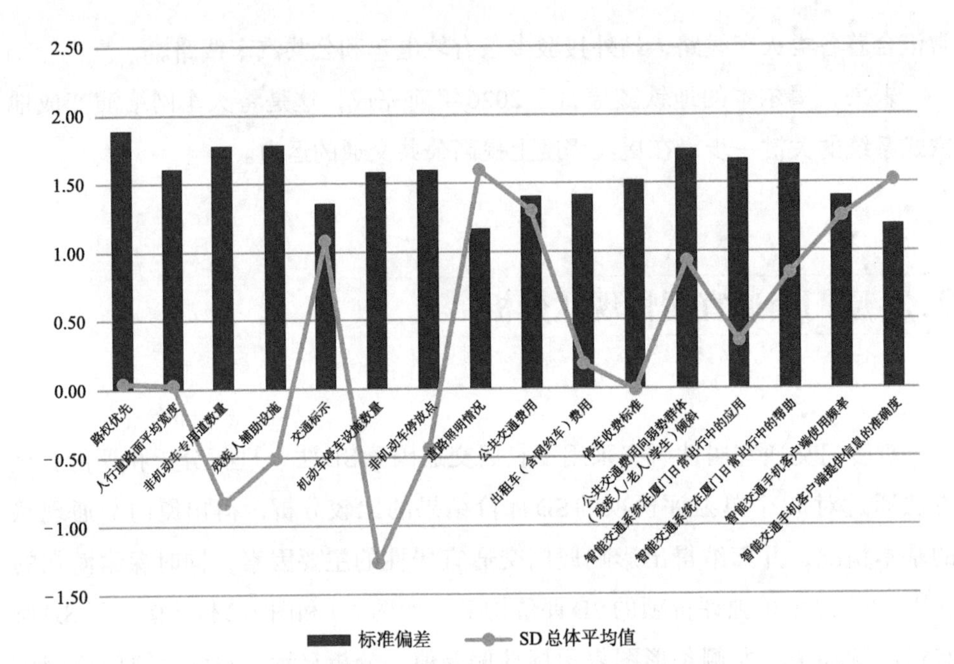

图7-2　厦门城市交通宜居度评价样本SD均值及标准偏差Ⅱ

资料来源：根据调研结果，作者自绘

的选项得分均大于1。其中厦门市交通环境绿化、道路基础设施建设、智能交通、公共交通费用合理化和交通意识培养和管理方面评价较高。

结果还显示，机动车停车设施数量评价分数最低，也是所有因素中唯一低于-1分的选项。在厦门城区经常可以看到机动车乱占道停放的现象。另外非机动车专用道数量不足，道路拥堵严重现象和公共交通拥挤程度高等，同样在很大程度上影响了厦门城市交通的宜居度。

7.3.1 评价标准偏差分析

通过对SD评价原始数据的分析，针对所有样本的32对选项的分值进行标准偏差的计算，可较为客观地掌握调研所获取的数据与各个选项评价标准之间的差异性。分析结果表明所计算出的偏差值显示有4项数值较为偏差明显，分别为“交通空气环境”“智能交通系统的应用”“公共交通舒适度”以及“残疾人辅助设施”，反映出在评价交通现状时，对于选项存在着评判的差异性。交通事故率的偏差度最低，表示整体对交通事故率的评价趋同。总体上标准偏差处于合理的范围之内。

7.3.2 厦门市交通现状满意度分析

根据对厦门居民的调研数据显示（图7-3），超过半数的民众将现状厦门交通状况评价为一般，即不认为好，也不认为很差；近1/5的人不满意现在的交通状态，其中，仅3%的居民对厦门交通现状特别满意。结果可以解释为在一定程度上厦门交通仍然有进一步提升的空间。

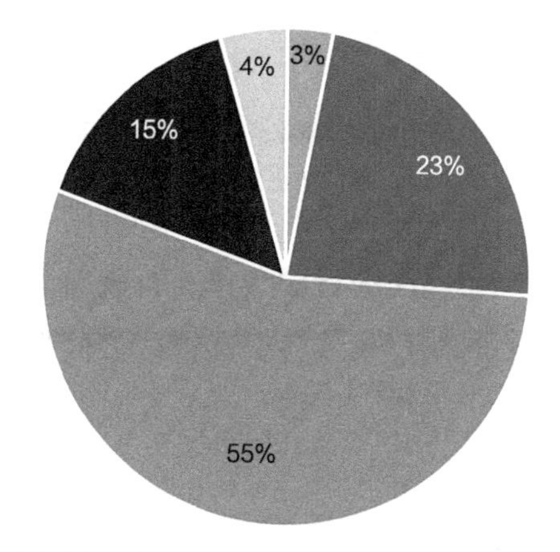

图7-3 厦门的交通状况整体满意度

资料来源：根据调研结果，作者自绘

对厦门跨岛交通的分析发现，50%的居民满意，另外一半不满意。而不满意的主要原因集中在跨海通道少、易发生拥堵、公共交通紧缺和公共交通拥挤四个方面。跨岛交通的不便给通勤族上下班带来很大的麻烦和不稳定性，是目前厦门交通亟待解决的问题。

针对居民们对厦门的交通建设和管理调查的结果再一次印证停车规划和管理是居民很不满意的部分（图7-4），需要在交通的组织和设计上优先考虑，另外也要适当地调整群众对私家车的出行依赖，从根本上解决这个问题。同时，交通的管理和疏导、道路的规划与建设、公共交通系统和自行车系统都是需要进一步改进的方面。另据一些市民补充的意见，道路的经常性施工导致限行区增加，也给人们出行带来不便。

厦门居民对于厦门的公交系统表示不足之处主要集中在交通工具内的拥挤，舒适度差，特别是跨岛交通的公交系统，车厢环境尤其拥堵，车均人数

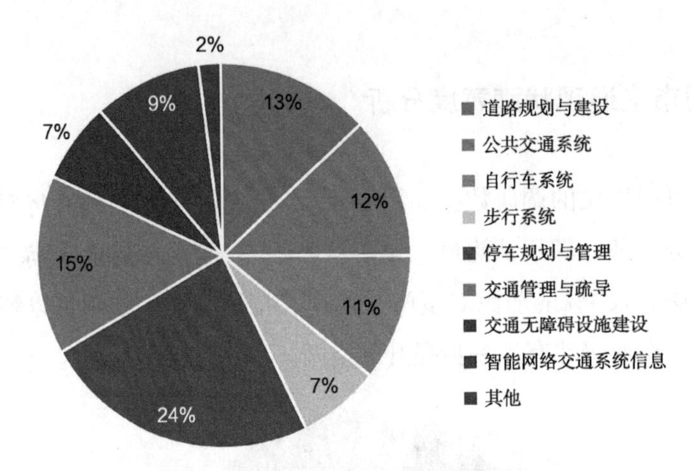

图7-4　厦门的交通建设和管理不足分布图

资料来源：根据调研结果，作者自绘

明显多于岛内公共交通。公共交通行驶缓慢、行驶时间长、公交班次频率设置不合理等因素导致等待时间过长或各交通方式之间衔接不畅等厦门公共交通存在的问题（图7-5）。

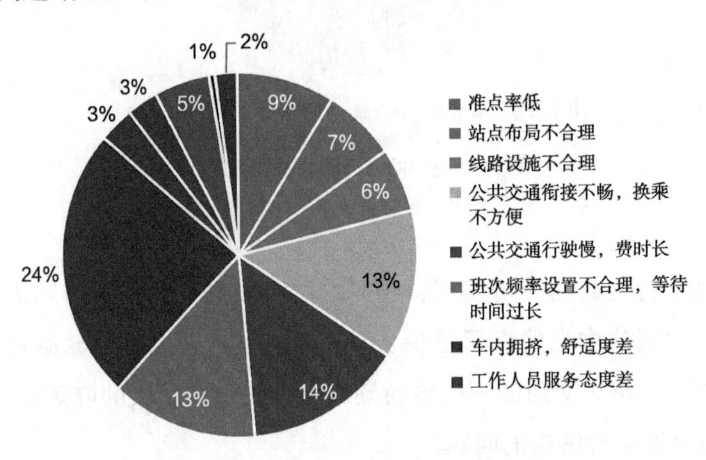

图7-5　厦门居民认为公交存在的主要问题

资料来源：根据调研结果，作者自绘

厦门市非机动车系统存在的问题为目前尚未设施专门的自行车道导致非机动车与机动车混行的现象出现，使得人们心里安全感消失，成为非机动车系统方面最严重的问题。在厦门经常可以看到自行车的骑行者在人行道上或者机动车道上骑行，甚至有时逆向行驶，大大地降低了交通安全，打乱交通秩序，影响到所有交通参与者的出行。

7.3.3 厦门市民出行状态调查

机动车出行仍然是厦门市民出行的主要交通工具，自行车和步行等出行所占比相对较小。不过公共交通的出行却占据了厦门市居民出行的很大一部分的比例（图7-6）。

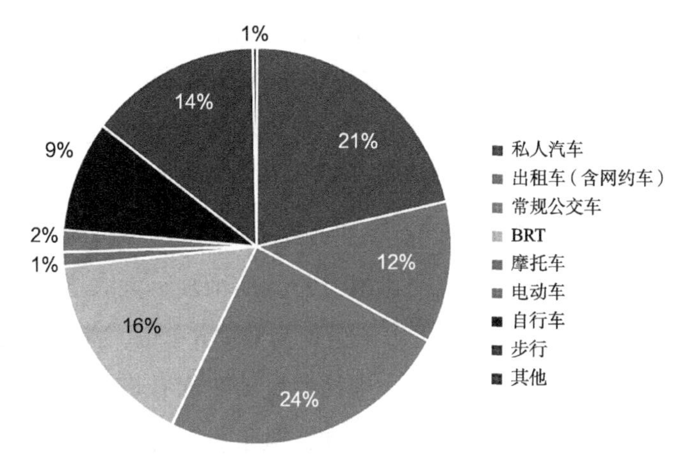

图7-6 厦门的市民现行交通出行方式选择

资料来源：根据调研结果，作者自绘

公共交通站点离家的距离短是交通便利的很大一个因素。调研发现多数接受调查的当地居民（约占90%）的住所距离公交站点的步行距离均小于10min，这是一个非常合适的步行距离。在这个方面上，厦门的公交是优于国内外不少城市（图7-7）。

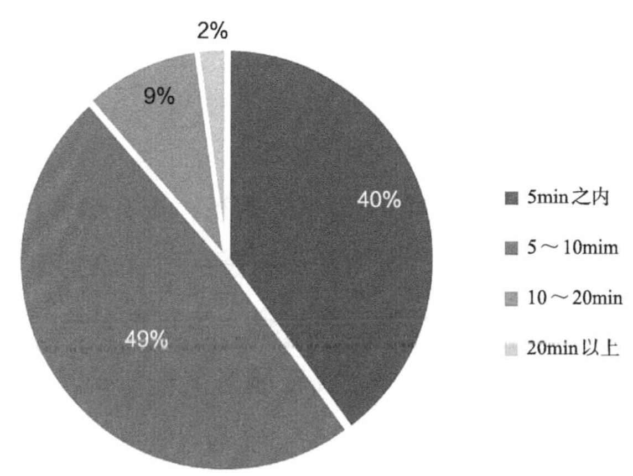

图7-7 厦门的市民从住所到公共交通站点的步行距离

资料来源：根据调研结果，作者自绘

7.4 厦门城市交通宜居性的主要问题和挑战

7.4.1 主要的问题

过度依赖私家车出行是一个严重的问题。厦门城市交通的私家车出行比例很高，直接造成了道路拥堵、跨岛不通畅等一系列问题。行驶在路上的车辆需要大量的道路建设和停车空间，用于建设城市公共活动空间的用地就变得更加稀有，道路和停车场建设挤占了城市公共空间，还制造更多的大气环境污染。

忽略交通需求的管理是厦门面临的另外一个问题。由于城市功能的空间分散和出行距离的增加，造成了交通出行总量的增加，大大增加了拥堵率。通过观察可以了解到厦门城区很多主干道均为双向6车道，甚至8车道，但是依然产生严重的道路拥堵情况。过快增加的机动车保有量和城市功能分区松散的发展模式对道路空间的需求迅速增加，但是更多的道路空间又吸引着更多的车辆出行。实践证明，道路的建设并不是解决交通问题的办法，近年来厦门道路的建设速度始终不及车辆增长的速度。除此之外，宽敞的道路设施对厦门市城市空间的侵蚀，步行和自行车等非机动交通出行变得越来越不方便。

居民交通行为有待提高。在厦门可以看到机动车路权优先现象、机动车占用人行步道作为停车场的空间之争，随意掉头、逆向行驶等违规行为。一些居民交通观念淡漠，追求自我交通的便利性。

7.4.2 面临的挑战

厦门的交通和道路规划对步行交通不够重视，没有赋予其充分的路权。人行专用道数量匮乏，很多道路通过缩减人行道的方式增加车行道或非机动车道，使行人出行不方便。人行过街、人行道、步行街等步行交通设施的布局缺乏整体性、系统性，各种人行交通设施形态单一，没有考虑与其他不同形式的步行街、过街设施、人行道有机结合。

自行车交通系统被放在次要地位，未能得到足够的重视。从现状道路结构看来，厦门的自行车道路资源本来就比较少，有些路段根本就没有自行车道，致使自行车道不能够形成一个有效的自行车交通网络，未能形成系统。在很多的公共交通站场、BRT车站，地铁车站都没有配建自行车停车场，因而选择“自行车+公共交通”出行方式的中远距离出行者，往往面临想换乘公交，却出现自行车无处可停的局面。

忽视城市土地功能的合理混合开发，因此增加了不必要的出行需求和道路建设，特别是厦门的跨岛发展战略并没有得到很好的推广，各种优质资源仍然集中在岛内，为岛内增加了许多额外的交通负担。

7.5 宜居城市交通舒适和便利性的提升路径对策

虽然厦门的交通存在不少问题，但在宜居城市上也有不少的优势。在政策层面，厦门做了不少的交通规划，引导和控制交通发展和交通量。然而，厦门的城市交通发展已经面临着交通机动化进程的加快，岛内、外发展不平衡，本岛土地资源紧缺，城市公共与慢行交通发展相对滞后等带来的交通供需矛盾等问题。而这些问题的出现又进一步加剧了城市交通拥挤，跨岛交通不便，停车难等城市的交通发展问题。解决交通出行问题成为事关厦门宜居城市建设的重要问题之一。面对厦门日益拥堵的城市交通和出行问题，厦门的宜居交通发展及其改善应当坚持以人为本的原则，从政策的调整和交通规划的优化两方面进行。

7.5.1 加强交通政策的公众参与

长期以来，交通规划范式是“自上而下、单向过程、专家驱动和以技术为中心”。这个方式有其合理性，但也有不足，特别是专家的意见并不一定符合公众的需要，特别是当城市建设和发展需要更多地考虑如何满足人民对美好生活的追求，以建设一个宜居、宜业的城市微目标时，广大公众、当地居民的意愿就更凸显其重要性。传统的仅依靠指标体系衡量宜居性也显示了其不足之处。厦门交通规划和政策的制定需要引入科学可靠的参与机制，保障公众的利益和需求得到满足，在规划体系中建立一套完整的公众信息反馈机制和监督制，为公众参与机制的运行提供法律保障。借由“专家理性，公众意愿，共同参与”的方式，提高公众对交通决策的权重，重视民意的作用，实现专家规划与公众期待的并轨运行。

7.5.2 调整厦门城市发展空间格局

厦门城市岛内、外的发展不均衡已经对城市未来发展造成障碍，也加剧了厦门交通发展不平衡，交通资源无法得到合理分配。厦门需要缓解本岛的主中心模式，同时对岛外各中心进行功能空间整合。结合“一慢，一快”的空间发展布局的调整，疏解和分散厦门本岛上的部分功能，实现岛内与岛外，以及岛外各区之间的均衡发展，目前疏解岛内的人流及资源向岛外迁徙是工作的重点。只有缓解本岛的单一中心模式才可有机会实现岛内交通疏解和岛外交通配套完善双赢的目标。对于厦门本岛来说，目前需要加强对老城区的历史文化遗产的保护，构建历史文化、建筑风貌老城区传统文化的特色，同时保护山、湖、公园的生态环境。厦门本岛在建设上应当“做减法”，减少目前的功能，将其他可在岛外发展的功能有计划迁出，让“海岛型”城市逐渐向“海湾型”转变。厦门本岛成为体现厦门历史文化特色，环境优美，有助提升创意产业，休闲旅游发展的“慢生活岛”。

另外，注重土地功能的合理混合发展，谨慎管理市民交通出行需求。混合的功能可以缩短居民很多必要的日常出行距离，也是可持续地管理一个城市有限建设用地的方法，也就是利用宜居城市单元为发展模式。宜居城市单元强调建设完整功能配置的混合型城市区域，既有住宅，也有工作岗位，还要有公园绿地、购物中心、生活超市、24h便利店、银行邮政、运动场馆、中小学校、幼儿园、医院、派出所、餐饮娱乐、交通车站等完善的生活配套设施。以宜居城市单元作为厦门宜居城市的特点（即功能的综合性），从而减少大规模长距离交通出行，同时给市民提供可以交往的开敞空间，增强人与人之间的信任感与社会认同感与归属感。

7.5.3 通过综合手段管控和限制机动车出行

正视厦门环境及设施资源的约束条件，正确管控和引导机动车的使用。采取综合运用土地，利用规划、交通需求管理、经济、信息等手段抑制机动化的快速增长。向绿色交通倾斜，提高公交与慢行交通的竞争力，大力改善公交运行环境，提高公交服务水平。通过制定差别化的岛内、外机动车拥有与使用策略合理调控各分区的出行方式比例。

具体措施包括：岛内中心区域实行交通限行，机动车摇号上牌，错峰上下班，岛内特殊号牌通行，控制城市中心商业区和旅游区的停车位建设，但同时增加和提高公共交通服务及其质量等措施，并严格限定岛内区域的车流量，也就是在减少私人交通需求的同时提高公共交通的服务质量。

7.5.4 提升公共交通运营质量

以轨道交通为依托大力发展公共交通。厦门的轨道交通受到了民众的极大的关注和期待，在发挥轨道交通跨岛运输的便捷性、运力大和长距离运输耗时短的优势同时，撤并与轨道交通同路由的常规公交线路，适当调整公交线路，扩大服务范围，避免恶性竞争与浪费资源，以提高公共交通整体运营的经济性。做好厦门轨道交通与常规公交之间客流的“无缝衔接”，提高整个公交客运系统运营的整体效益和效率，提高公共交通整体服务水平。合理分布规划轨道交通与常规公交换乘站。轨道交通还应在岛内外站点周边考虑与其他交通形式的一体化衔接。同步做好与步行系统、自行车系统、机动车交通等的规划衔接工作。

7.5.5 建设综合公共交通枢纽，完成贯通循环

厦门城市交通的矛盾点主要来自本岛自身的交通以及进、出岛之间两个方面，因此需要整合城市内、外交通网络，依托交通枢纽来引导城市的发展，以达到“组团式、串珠式”的交通发展格局。在未来发展中应考虑集城际轨道、轻轨、地铁、普通公交、BRT（快速公交系统）以及水上公共交通为一体的综合交通枢纽来链接城市各分区及其中心，在众多不同的交通工具和换乘点进行有效链接，绘制交通网，实现各种交通的“无缝衔接”，以此来保障市民便利的长距离交通或跨区域的公共交通出行，实现低碳出行。

7.5.6 改善公共交通工具舒适度，提高公共交通服务水平

空间和舒适度是厦门市民对厦门公共交通负面评价最多的一项内容。公共交通工具内的交通空间质量与运输工具的舒适程度、管理水平以及人均拥有量具有较为密切的关系。厦门的公共交通的空间质量不高，主要原因是车内过于拥挤，特别是在上下班高峰期。这不仅降低了一般旅客的交通空间体验，还难以保障残疾人、老年人等弱势群体使用公共交通的权利。因此，一方面需要在合理的预算投入范围内保障充足的公共交通运输工具数量以匹配潜在的使用客户人群；另一方面，需要大力改善车厢环境，提高乘客的乘车体验度，并适应不同人群的需要。例如，增加厦门特色文化装饰，增加车厢座椅数量，增强空气调节性能，增设垃圾桶，提供良好的多媒体设施，保持好座椅与车内卫生，做好座椅维修工作等。另外强化和提升公交运输的调度和管理工作及其水平，适应高峰期与非高峰期公交车辆的运送能力，相对减少对非高峰期公交运输需求减少的供给，这样可以有效配置有限的资源。

此外，优化厦门现行的公交线路，进一步提高对地区覆盖率特别是偏远和边缘地区，如同安，翔安等地；开通地区内部循环巴士，接驳更远距离对外公交并服务居民内部出行；完善公交停靠站设施，引入智能化和闽南艺术化站亭（牌）。建设包括“公交+自行车”换乘服务，兼顾旅游休闲服务及市民日常出行需要。研究设立公交车电召或网申系统，满足特定社区或群体的个性化出行需求。

7.5.7 改善慢行交通出行环境

改善慢行交通的交通空间。要保障慢行交通空间与其他交通方式尤其是公共交通的系统配合。要以公共交通作为骨干线路，慢行交通作为喂给方式，将慢行交通空间与公共线路进行系统配合。关注换乘后慢行交通方式的次出行链，尤其是交通枢纽地区，尽量缩短旅客在枢纽内的换乘时间，并改善枢纽换乘的体验，同时重视交通枢纽的设计，关注照明、客流线路、行走距离等。从微观层面，对具体的步行道、自行车道以及各类节点等非机动化交通空间进行精细化规划设计，对过街通道、道路路肩、路侧设施等进行细化改

善。同时还应对城市的空气、噪声、污水、垃圾等污染进行有效处理，以期全面提升非机动化交通空间的质量。

改善自行车出行方式的行车环境。目前厦门为了缓解机动车交通拥堵，对道路的横断面进行改造，将非机动车道转移到人行道，现状非机动车道的路权让给机动车，实质上就是对自行车路权的变相侵占和取消。解决途径是重新实现机非分离，保障骑行者的交通安全，合理分配自行车路权，对于一块板道路应在路面明确机非分隔线。在城市次干道及以上等级道路，机动车和自行车交通量较大的道路，合理设置机非机动车护栏、阻车桩、隔离墩等设施。对于三块板道路应加强道路交通管理，严禁机动车占用自行车道。注重自行车与公交车站、停车场、重要公共建筑、公共服务设施及学校等的良好衔接。自行车道路面应保持平整、抗滑、耐磨，避免高低起伏，注重无障碍设计。交叉口处自行车道宽度不宜小于路段自行车道，同时可在自行车停车线处设置遮阳棚，以规范自行车停车、行车行为。对自行车交通标志、标线要进行系统化设置，并对共享单车划定合理的停车空间，规范共享单车市场。

改善步行方式的交通环境。以安全、便捷、舒适、优美为目标，提高厦门市城区的慢行道铺装品质，重视慢行照明，营造适宜步行、休闲和交往等日常活动的空间。完善慢行标识辨识系统，在行人和机动车冲突较大的地段设置醒目标识，提醒机动车使用者行人过街优先。通过交通设计（如车速缓冲带、出入时间段限制等）和交通规则手段，将机动车交通对生活环境的不利影响和交通事故限制在可接受的范围内，进一步充实道路空间的社会交往以及景观塑造的功能提升慢行交通品质。

7.5.8 进一步推进智能交通的建设

进一步推进厦门智能交通系统的建设，用大数据的思维方式，掌握交通发展趋势。通过技术创新，最大化和扩展智能交通系统（ITS）为居民发布及时、可靠的出行信息，提供交通选择选项和智能问询导航服务，辅助居民出行决策，实现多种交通方式无缝衔接及交通资源充分共享。构筑厦门“互联网+交通”的交通信息系统，重点建设虚拟电子路牌、道路变形图和城市道路诱导信息通过移动终端（手机或车载设备）应用在市民驾车出行过程，帮助驾车出行人在行车过程中能够及时、方便、安全及可靠地获取前方道路的通畅状况，借以提前确定新的行车路线，及时规避交通拥堵线路到达目的地，体验基于位置的个性化、智能化服务等元素的全新行车导航应用模式。开发智能终端客户端，将车辆位置信息发送到交互平台，交互平台根据所在位置实时推送交通信息给终端。终端可以显示交通数字地图及所在道路的交通实时路况信息并及时反馈给市民。实现厦门的“智能出行”，通过手机APP或其他接收终端向交通参与者提供的道路交通信息、公共交通信息、换乘信息、交通气象信息、停车场信息以及与出行相关的其他信息，使出行者可以根据这些实时信息灵活安排、调整自己的行程，达到减少交通拥堵的目的。

厦门智慧出行服务平台的建设，能够汇集各类与出行相关的实时动态信息，根据信息服务的需求对数据进行实时处理和信息提供，采用云计算技术，满足大数据量，大用户量的系统应用，为用户交通信息服务提供持续、有效、动态的信息服务。使得当地居民和其他用户可以做到：自驾车出行路径规划、公共交通出行规划、前方拥堵提醒、交通事件查询、停车场车位信息获取、智能订车、实时道路视频、周边查询等。此外，这个系统提供多种界面，包括移动终端客户端、呼叫中心语音查询、互联网查询以及短信查询等，最大程度方便居民使用，实现居民的宜居化出行。

有必要持续地实施厦门的定制公交服务，并将这个服务与手机APP更便捷地融合，方便普通大众的使用。根据厦门道路资源、交通状况及需求在可行的区域制定合理的定制公交规划，确定可容纳的定制公交容量，完善其线路的网络性，并加强与其他交通方式之间的对接。加强与社区、就业集中区的联合，为定制公交的停车寻找更合适、方便的站点。加大宣教力度，吸引更多的市民，尤其是选择小汽车出行的市民乘坐定制公交，从而提高载客率。增加上下车站站点并在合适的站点附近建设自行车租赁系统和共享单车停放点，从而吸引和方便更多市民乘坐定制公交。耦合汽车共享、拥堵收费等其他适应性管理措施，综合调控解决厦门城市交通问题。

8 以城乡协调发展提升乡村振兴与乡村宜居

在国家新型城镇化、城乡统筹发展、美丽乡村建设以及乡村振兴等一系列宏观政策引领以及“美丽厦门”发展的驱动下，近年来厦门积极探索并走出了一条“整体推进、重点突破、适度超前、综合配套”的城乡统筹发展之路，已基本具备了加速消除城乡二元结构的物质基础和外部环境，同时伴随着“村改居”工程的持续推进，厦门岛内已完成了城镇化。然而厦门岛外的经济社会发展仍相对滞后，岛内外差距依旧明显。因此必须加快推进厦门市城乡一体化发展，实现岛内外一体化发展目标，这样才有机会提升厦门岛外乡村地区的宜居程度。

厦门岛外主要的乡村地区为同安和翔安两个区。研究厦门乡村地区的宜居将重点放在同安区，以同安为版本分析厦门城乡协调发展的现状。考虑以同安区作为研究重点的原因是同安为厦门最大的行政区，是著名的侨乡和台胞祖籍地，也是厦门主要的农村地区。其土地总面积658km^2。自“十一五”以来已开展实施旧村改造与新村建设并举的农村建设行动，取得了很好的效果。但是农村问题的解决仍然大大滞后于经济社会整体发展，农村发展水平参差不齐，城郊地区和具有特色产业的农村较富裕，而北部边远山区的整体生活水平较低。郊区城镇人口规模、经济总量均较小，产业水平低，小城镇带动农村能力不足。农村产业结构相对单一，这些问题也都需要通过城乡统筹的方式解决面临的问题，实现乡村振兴，提升农村地区的宜居程度。

8.1 乡村宜居的路径

8.1.1 以城乡统筹促进乡村振兴

20世纪80年代末期，由于长期形成的城乡二元体系而造成城乡之间隔离发展，为了解决隔离发展带来的各种经济社会矛盾，城乡一体化思想逐渐受到重视。

2003年10月，在新时期我国经济、社会转型的大背景之下，针对长期以来形成的“三农”问题，党的十六届三中全会提出“五个统筹”，即“统筹城乡发展、统筹区域发展、统筹经济社会发展、统筹人与自然和谐发展、统筹国内发展和对外开放”。“统筹城乡发展”不仅着眼于解决当前农村改革发展中存在的一些突出问题，而且围绕建立有利于逐步改变城乡二元经济结构的体制，对深化农村改革提出一些重大措施和作出部署，为推进改革、完善农村经济体制指明了方向。党的十六届三中全会提出“统筹城乡发展”的要求是为了全面建设小康社会而作出的重大战略决策。2017年10月18日，习近平总书记在党的十九大报告中指出，农业、农村、农民问题是关系国计民生的根本性问题，必须始终把解决好“三农”问题作为全党工作的重中之重，实施乡村振兴战略。党的十九大提出实施乡村振兴战略的重大历史任务，在我国“三农”发展进程中具有划时代的里程碑意义，这个战略顺应了广大农民对美好生活的向往，是为了亿万农民能够过上宜居、宜业的生活而提出的。乡村振兴需要通过城乡统筹发展实现发展的目标，因为我国长期以来一直实施的城乡二元结构体制是我国经济和社会发展中的一个障碍，制约了乡村发展、乡村振兴和亿万农民对美好生活的追求。因此，正如2019年中共中央和国务院在《关于建立健全城乡融合发展体制机制和政策体系的意见》中所提出的总体要求，需要“破除体制机制弊端，促进城乡要素自由流动、平等交换和公共资源合理配置，加快形成工农互促、城乡互补、全面融合、共同繁荣的新型工农城乡关系，加快推进农业农村现代化”，“推动农业全面升级、农村全面进步、农民全面发展，不断提升农民获得感、幸福感、安全感”。显然农村在国家大变革和大转型过程中发挥了关键作用，是推进我国经济发展、人民幸福、国家长治久安的关键地区，也是内生性需求潜在的市场。中共中央、国务院在《乡村振兴战略规划（2018—2022年）》文件中明确指出“乡村兴则国家兴，乡村衰则国家衰”。所确定的战略目标是到2022年，“现代农业体系初步构建，农业绿色发展全面推进；农村一二三产业融合发展格局初步形成，乡村产业加快发展，农民收入水平进一步提高，脱贫攻坚成果得到进一步巩固；农村基础设施条件持续改善，城乡统一的社会保障制度体系基本建立；农村人居环境显著改善，生态宜居的美丽乡村建设扎实推进”。

8.1.2 以“乡村中产化”解决乡村振兴的难题

乡村振兴任重而道远，从2018年国家统计局在全国范围内对乡村振兴实施展开的调研中发现我国乡村地区资金、技术和人才缺乏（柏先红，刘思扬，2019），而这些正是乡村振兴的关键因素。在这三个因素中人才为最主要的因素，是内生性发展的基础，因为人才可以带来资金和技术。如何解决好吸引人才进入乡村，促进乡村振兴是一个值得探索和研究的问题。

根据我国乡村目前的状况，20世纪改革开放以来，由于我国快速城镇化和工业化对劳动力的需要，农村人口大量流向城镇打工，不少人在城镇购置新住房，使得农村宅基地和住宅的空置情况严重，李玉红和王皓（2000）根据2016年全国第三次农业普查数据，抽样68906个行政村调研发现，以人口净流出为定义的“广义空心村”比例为79.01%，全国乡村平均人口空心化率为23.98%。农村全家搬迁的迁移率为26.88%。全国农村宅基地的平均空置率为10.7%，东部地区达到13.5%（魏后凯，黄秉信，2019）。乡村人口流失将影响乡村振兴，乡村人口、人才严重短缺的问题显然引起了国家的重视，2021年中共中央办公厅和国务院办公厅印发了《关于加快推进乡村人才振兴的意见》，《意见》的第一句话就是“乡村振兴，关键在人”。

但是我国乡村的教育水平远远低于城镇地区（图8-1）。接受高中和大专以上教育所占的比例仍然很低，而且学历较高的大多数人都离开农村流入城市。自从1982年中共中央颁布第一个一号文件《全国农村工作会议纪要》至2021年《中共中央、国务院关于抓好“三农”领域重点工作确保如期实现全面小康的意见》的38年中，国家颁布了众多关于解决“三农”问题的“一号文件”，对我国农村和农业发展起了积极的作用，效果显著。期间农民收入大幅增长，国家统计局人口就业统计司的数据显示，2020年我国农村人均年收入已达到14500元左右，但与城市居民的人均收入差距还是很大，这与缺乏受过高等教育、具备技术能力的人才有关。农村的发展必须要从重视提高农村教育水平入手，但这需要一个较长的过程，所以在短期内吸引城市中、高阶层进入乡村可以是一个好的选项。因为城市中、高阶层多数都受过良好的教育，具有较高的技术能力，这些人迁徙乡村、投资乡村不仅能够解决资金问题，还能解决农村发展、乡村振兴所面对的人才短缺问题。

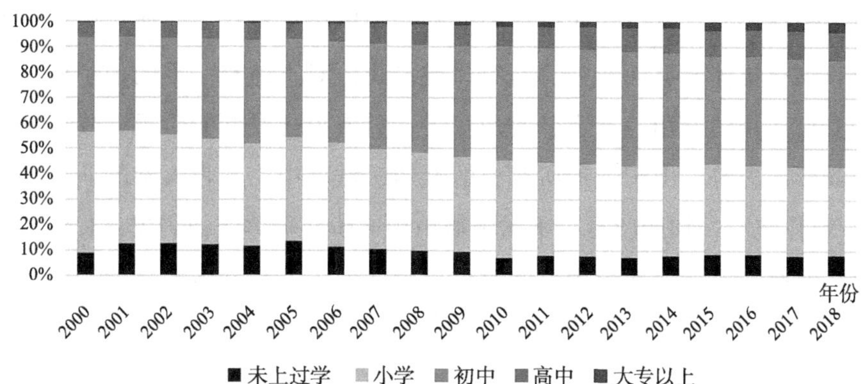

图8-1　全国农村居民受教育程度

资料来源：作者根据《2020年中国人口就业统计年鉴》绘制

城市中、高收入阶层到乡村投资创业，还有利于吸引农村人口返乡，主要是年轻一代的回流农村，解决乡村振兴所需要的劳动力。对于这种吸引人才的方式，通过引导城市中产阶层迁徙乡村地区，投资乡村地区，带动乡村共同富裕，实现和扩大我国乡村的中产化，实现乡村的宜居、宜业，作者将其定义为“乡村中产化”(Rural Middle Classisation)。

于立等(2021)的研究指出，“乡村中产化”的概念与西方国家的“乡村绅士化”(Rural Gentrification)是不同的。虽然都是城市中产阶层迁徙乡村居住和投资，但“乡村中产化”不仅仅是满足城市中高收入阶层在乡村购房定居或度假，以及他们对生态环境和田园生活的追求，也不是他们对通过投资地价/租金低洼的乡村地区获取更高的回报，而是要求他们的投资能够为乡村地区的发展、当地的就业作出贡献，他们的投资收益应当对乡村振兴和乡村宜居有所回报。通过城市中、高收入阶层的投资创造就业机会，促进乡村经济多元发展，提高农民可支配性收入，带动农村村民共同富裕，改变农村贫困、落后的面貌，最终实现城市与乡村共同中产化，共同促进乡村发展和振兴，创建乡村宜居的环境。因此称之为乡村“中产化”，而不是“绅士化”。乡村“中产化”不同于乡村“绅士化”目标，其在中国能够得到实现，前提条件是制度的不同，特别是土地制度的不同。西方“乡村绅士化”是建立在土地私有制的基础上，城市中产阶级可以自由在乡村购买、新建具有产权的住宅或进行房地产市场的开发。城市中、高阶层进入乡村地区后，除了在土地利用、历史文化建筑和自然环境保护上受到规划政策的制约，没有其他限制条件要求他们为当地的村民和经济的发展做贡献，因此城市中、高收入阶层可以根据市场经济规律，通过物业价格的上涨迫使原村民搬离原住所。而我国农村土地归农村集体所有而非私有，农民或村集体对土地有一定的控制权，国家对于农村集体建设用地上市、使用权转让目前也还在探索阶段，鼓励采取有限制放开的方法。由于土地所有权的性质，城市中、高收入阶层下乡投资土地和/或住宅时，物产所有权不属于城市中产阶层群体，他们仅具有租赁和使用权，因此在签署土地使用合同时可以附加促进乡村发展的条款，实现乡村村民和城市中产阶层双方互惠互利。

我国的土地制度保障了农民在市场运作过程中，可以根据法律授予的权利，既能够获得资本收益，又可以有效维护自身的利益不被随意侵犯，在有效发挥制度优势和政府引导前提下，乡村村民对于城市居民进入乡村是欢迎的。根据对江苏与浙江地区乡村所进行的调研统计，75%村集体组织和61%村民表明了他们对城市居民入住乡村的欢迎态度。

8.1.3 以可持续的消费与生产模式实现乡村绿色发展

可持续消费与生产模式最初是在1992年里约地球峰会上提出的，缘由是长期以来人类社会所进行的所有消费与生产都不具备可持续性，导致全球资源减少、环境恶化。可持续消费与生产模式是对1987年联合国的布伦特兰报告——“我们共同的未来”（Our Common Future）——中所提出可持续发展理念的深化。可持续消费与生产的主要目标不仅是环境问题，也不仅仅是经济问题，还与维持自然资本，尊重地球的生产力和能力有关。这种认识有助于保护和满足人类赖以生存的环境需求，并维持经济活动（UNEP，2015）。2002年，可持续消费与生产被联合国列为与环境保护和减少贫困同等重要的可持续发展核心功能，构成可持续发展中经济、环境和社会三个支柱之一。

可持续的生产与消费是一个广泛的理念，针对城乡所有的消费与生产。将可持续的消费与生产联系在一起是为了在提高人民生活水平和发展经济的同时把经济活动对环境的负面影响维持在生态环境承载能力之内。可持续消费与生产特别确定以下领域的可持续性程度：能源生产，农业生产，粮食安全，工业污染，水质，生物多样性，海洋问题，木材生产和性别平等（Akenji & Bengtsson，2014）。在乡村农业生产方面，联合国环境署（UNEP）提出，可持续消费和生产应当促进农村产业的绿色发展，在农业生产上应当避免有毒或污染性化学物质的使用（联合国环境规划署，2009）。可持续的农业消费与生产应当在不影响基本生态循环和自然平衡中运行；在不破坏农村社会文化特征或不造成环境污染的前提下，满足和保证当代人和后代人的基本营养需求，为乡村地区带来广泛的经济、社会和环境利益，为所有参与农业生产的人们带来稳定的就业、可观的收入、体面的生活和良好的工作条件（FAO，2015）。然而需要意识到粮食和农业的可持续消费和生产是一个以消费者为导向的模式，是在尊重自然承载能力条件下，综合实施粮食消费和生产的可持续模式（FAO，2015），因此转变消费者和生产者的消费和生产理念及其价值观，引导消费者和生产者的消费及生产方式是实现可持续的消费与生产模式之必要条件。

2005年8月，时任中共浙江省委书记的习近平同志，在安吉县调研时提出“绿水青山就是金山银山”的观点。2017年10月，在中国共产党第十九全国代表大会报告将“两山理论”正式列为中国生态文明建设和现代化建设的重要指导思想。“两山理论”中的“绿水青山”表述了人类生存需要良好的生态环境，在发展中需要最大程度地保护好生态环境，造福子孙后代，实现可持续的发展。“金山银山”代表人类社会发展所需要的经济效益，特别是我国作为世界最大的发展中国家，必须继续发展经济，因为只有经济的发展，才能提高广大人民的收入，这是实现人民对美好生活追求的基础。“两山理论”探索了生态环境与经济发展和谐共生的平衡关系（付伟、罗明灿等，2017）。从生态环境方面看，“两山理论”是对自然界的重新认识，体现了保护自然生态环境，恢复生态环境价值（周宏春，2015）；从经济社会效益方面看，“两山理论”强调经济的增长、收入的提高，以及与收入水平相关联的民生福祉的提升（沈满洪，2015），以生态环境与经济发展的平衡和谐发展，实现人民对美好生活的追求。

“两山理论”是基于马克思主义的辩证唯物论观点，是一种科学的世界观。“绿水青山”与“金山银山”可以理解为一种辩证统一的关系，两者之间看似相对立、存在区别，但若从辩证的角度看问题，两者可以是统一的，因为两者之间是可以和谐共生、相互转化；两者之间的辩证统一代表着环境利益与经济效益同时获取的可能性。因为“两山理论”的核心要义是绿色发展、可持续发展，在生产和供给侧上通过经济的生态化，实现生产、流通各环节的绿色化、循环化和低碳化；在消费和需求侧方面力求生态环境的经济化。

“两山理论”与联合国提出的“可持续消费与生产”模式是互补的、相呼应的。生产和消费意味着经济的增长，但与生态环境的保护在可持续发展中是相互矛盾及对立的两个方面。生产需要资源，生产所产生废弃物的排放，对环境造成负面影响；而无节制的消费将对生态环境和不可再生的资源带来巨大的压力。因此消费与生产代表着经济增长的一面，而生态环境的保护则是相对应的另外一面，如何将消费和生产与可持续的理念整合起来便成为可持续发展的重要目标之一。

“两山理论”与可持续的消费与生产模式的宗旨都是在维持并尽量提高自然资源的整体承载能力和可再生资源的恢复能力，在不影响基本生态循环和自然平衡过程中，发展经济，提高人民的生活水平。“两山理论”与可持续的消费与生产模式都要求从速度型、数量型的发展方式向质量型发展方式转变，从外延式向内涵式转变。这就是人类在探讨的绿色发展与转型，实现经济发展与生态环境和谐共生，实现环境效益、社会效益、经济效益三者之间平衡（张艳，李黎聪和杨征，2008）发展模式。在农村地区实现可持续消费与生产模式内涵丰富，是农业生产、生态、生活的全过程全方位绿色化。

乡村经济需要经济的增长，经济增长了才能实现乡村居民的宜居和宜业，但经济增长不能以牺牲环境为代价，以绿色发展促进乡村居民生活水平的提升才是乡村宜居和宜业的发展方向。

8.2 同安乡村的现状特征与发展条件

8.2.1 土地利用现状

全区陆域面积649.73km^2，现状村庄总面积37.12km^2，约占总面积的5.7%。其中五显镇村庄建设用地最多（图8-2）。

8.2.2 人口分布现状

从整个同安区进行分析，现状平均人均村庄建设用地面积为130m^2/人。对同安各镇区的情况进行分析发现，现状平均人均村庄建设用地超过130m^2/人

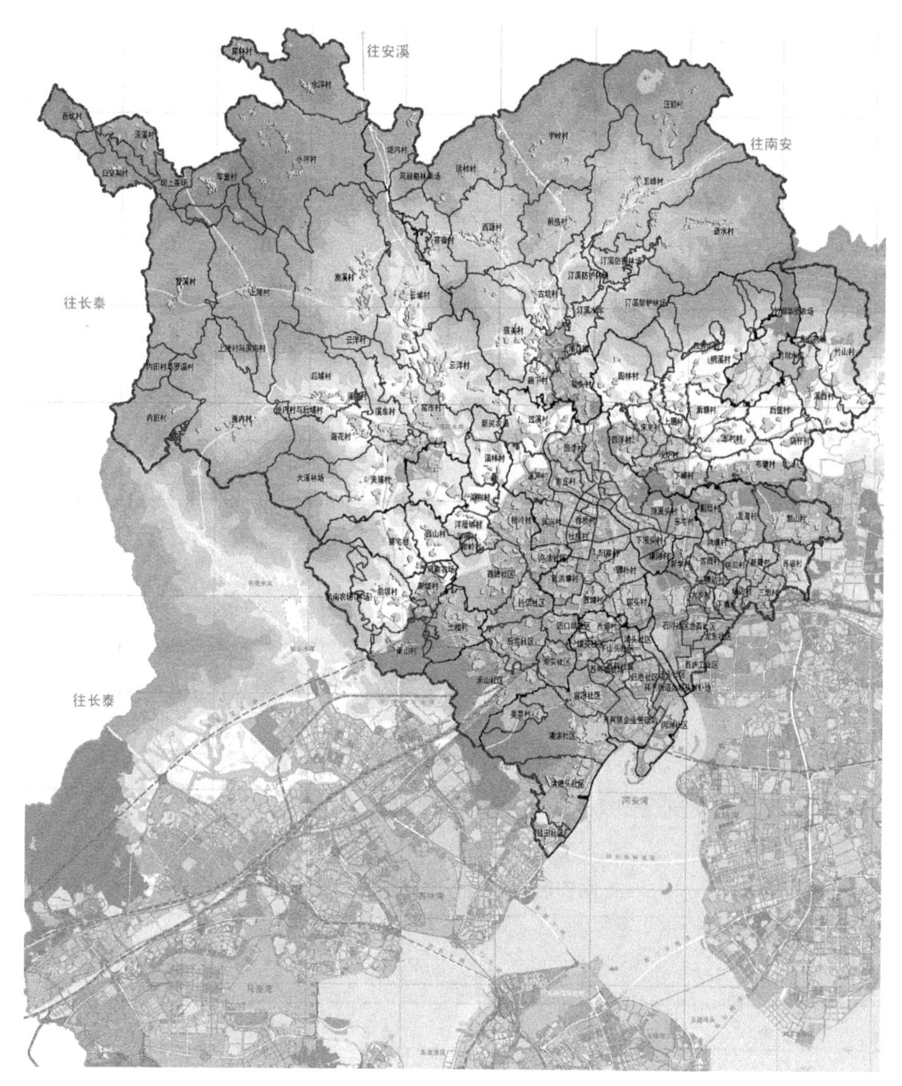

图8-2　同安区现状村庄分布示意图

资料来源：根据调研资料，作者自绘

的镇区有新民镇、汀溪镇、五显镇、洪塘镇、凤南农场、竹坝农场和白沙仑农场，其中，凤南农场现状人均建设用地最多，为198m²/人（表8-1）。

现状村庄人口分布一览表　　**表8-1**

街道/镇	行政村/村改居数量（个）	自然村数量（个）	现状户籍人口（人）	现状村庄建设用地面积（hm²）	现状人均村庄建设用地（m²/人）
莲花镇	19	150	39433	466	118
新民镇	13	92	36489	525	144
汀溪镇	13	108	21744	304	140

续表

街道/镇	行政村/村改居数量（个）	自然村数量（个）	现状户籍人口（人）	现状村庄建设用地面积（hm^2）	现状人均村庄建设用地（m^2/人）
五显镇	15	107	39931	559	140
洪塘镇	16	77	35806	499	139
西柯镇	12	49	41711	510	122
祥平街道	10	81	38560	436	113
大同街道	7	27	18311	184	100
凤南农场	4	24	8332	165	198
竹坝农场	3	8	2457	35	142
白沙仑农场	1	8	1981	29	146
总计	113	731	284755	3712	130

资料来源：根据调研资料，作者自制

8.2.3 经济发展现状

从同安区历年第一产业发展情况来看，基本平稳增长，在全市排名第二，属于优势产业，但是农民收入并不高（表8-2）。

同安区历年第一产业发展情况　　表8-2

年份	第一产业	
	数额	增长%
2003	64420	
2004	70459	−0.3
2005	73921	0.3
2006	67093	−11.6
2007	77532	0.4
2008	83008	−4.1
2009	81652	4.2
2010	88991	0.5
2011	110591	10.2
2012	118824	5.6

资料来源：根据调研资料，作者自制

8.2.4 城镇化发展阶段

在厦门城市快速发展的同时，城乡二元结构特征明显，城乡二元结构系数为1:2.8，城市发展具有典型的城市优先型特征，发展布局不均衡，处于经济的集聚和极化过程，还没有真正进入城市文明向乡村普及过程的城市化阶段，不少已成为市民的农民，也还没有真正实现向市民身份的转变。

8.3 同安乡村发展存在的问题分析

8.3.1 村庄分布零散、土地利用粗放

同安区现有81个村民居委会，另有部分近期“村改居”，总计731个自然村(居)，涉及人口28.5万人(全区户籍常住人口34.2万人)。农村人口多、村庄居民点量大面广，城镇化任务艰巨(图8-3)。当地百姓一方面有闽南“爱拼才会赢”的性格，另一方面又有安土重迁的倾向，空间认知上“老同安”的观念较重。

8.3.2 农村经济总量小，人口转移滞后

从经济发展看，厦门市地区三次产业比例为2:55.6:42.4，其中，农业产值所占比例仅为2%，分量极小。将人口和经济进行比较发现，农村存在经济与人口发展不平衡的现象，农村经济仅占全市的2%，但人口却占到了32%(约占全市人口的1/3)，与经济比重相比，人口比重偏大。农村人口多，而农业经济总量小，说明农村并不富裕(尽管绝对数在全省处于较高水平)，同时也说明农村劳动力仍未实现有效的转移，也体现了同安农村居民安土重迁的特点，而这正是农村发展，乡村地区时间宜居、宜业的关键与重点所在。

从城镇化发展方面的角度观察，城市总体规划预期城市化发展水平到2010年为75%～80%，到2020年为85%～90%，预计有大量的人口进入城

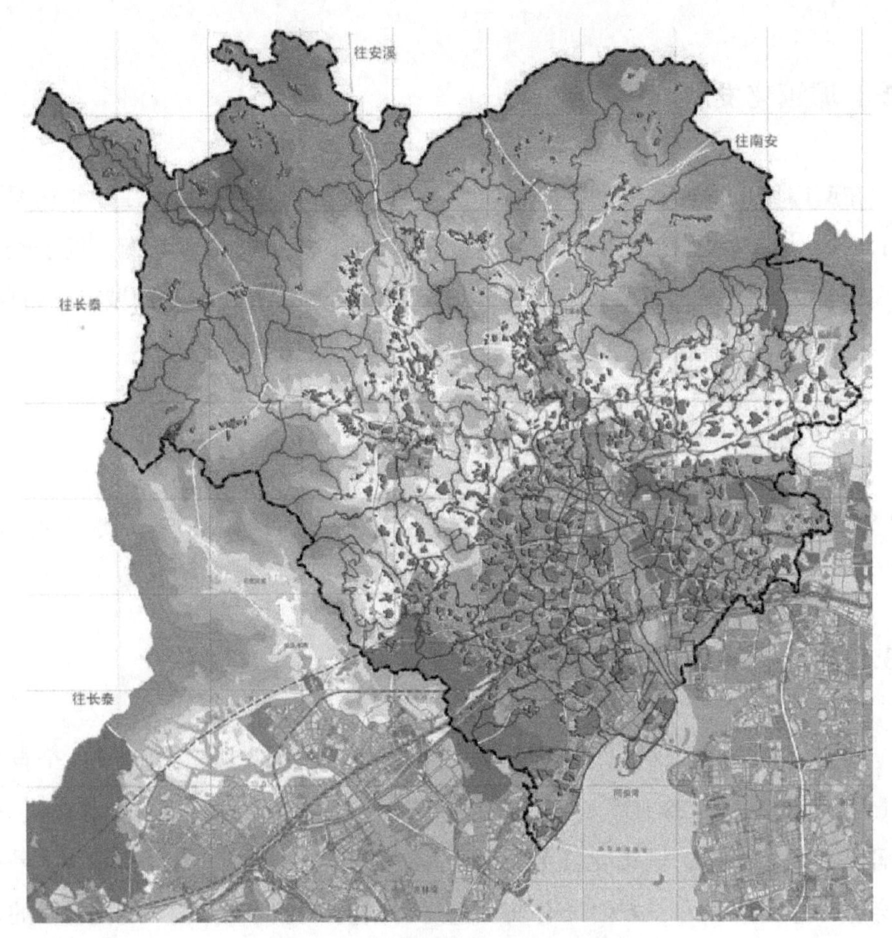

图8-3　村庄现状建设用地分布示意图

资料来源：根据调研资料，作者自绘

市，但是非农化的人口能否实现劳动力的有效转移，仍是农村发展的难题。农村地区虽然大量土地工业化，但人口的城镇化却不与之相匹配，出现城镇化落后于工业化的现象。

8.4 构建可持续的消费与生产城乡网络空间，提升乡村地区宜居的路径对策

城乡统筹发展中的农村社会和经济发展问题，并不仅仅是一个自上而下的政策驱动的动态过程，也不是简单地、通过某些特定的政策干预，或是相

关的资金支持所能推动的乡村发展。这是一个在城乡社会中，经济和政治领域过程中与农村发展的内因以及外因相关联的、持续性的过程，是一个嵌入性或“展开型（城乡）网络”的一部分，也就是一个新的生产和消费方式与创新的体制和管治框架紧密地结合的过程（于立等，2011）。这个过程以多层次、多种类的社会资本为基础，受到一些政策和经济因素的影响，例如劳动力转移、国家政策、农民收入和传统农林商品市场的普遍成本价格等。

在乡村地区通过地方层面产生新型的、以村（社区）为基础的自组织结构，可以激发出创建生态绿色经济的基础，在城乡之间形成新型的集体或集中式购买和销售网络，构建新的“城乡网络”，在乡村地区建立面向城市消费者的城乡食品供应链，促进生态绿色生产，提升消费品质，同时发展生态旅游，从多个方面加强城市和农村之间的联系，密切城乡关系，助力城乡统筹和融合发展。这种多功能生态绿色经济发展形式所形成新的生态绿色供应链和城乡网络的发展是密切相关的，而这种生态绿色供应链和城乡网络的出现又将提升区域市场和生态经济食品的生产和服务，例如生态旅游、优质食品的生产和一系列生态绿色产品的复合网络的发展联系在一起。这是在快速城镇化进程结构中发展起来的，完全内生的或部分内生的经济活动。这些活动还能促进城乡结构的社会、政治和经济的重组，形成一种城乡之间可持续的消费与生产模式，是一种社会经济创新源动力的新型城乡统筹发展。通过生态绿色供应链和城乡网络的构建，推动城乡融合发展，实施可持续的消费与生产，在保护生态环境的同时，能够为乡村地区的居民提供更多的就业和发展机会，增加收入，实现宜居宜业。

8.4.1 加快城乡产业联动

同安区作为厦门的腹地，其农村产业的发展不能仅仅局限于一般的农业生产功能，而是要在提升农业集约化、高效化、科技化和生态化的同时，注重与生态休闲旅游、商贸、文化教育等为城市服务功能的结合，不仅发展生态绿色的第一产业，而且要注重第一产业与二产、三产的结合，发展复合型多元化产业。根据厦门都市区功能的要求及同安乡村产业的特点，同安乡村产业未来20～30年的发展方向是集约、高效、生态的现代都市农业以及多元化复合产业。

根据厦门城乡的不同特征，结合同安区实际情况，在产业发展方面城乡联动方面，具体的路径包括：

（1）城、乡产业的互补、互动、共赢发展。建立资源与市场、农民与市场之间紧密联系生产和消费纽带，构建联系一、二、三产联动的“生态农业—生态农特产品加工、流通和消费—生态旅游”的空间形态，以城市居民的消费推动乡村生态农业产品、生态旅游等生产和消费流通体系的建设，通过流通组织有机农业、绿色农业，形成各类特色农业商品基地，以此提升农村居民的收入水平，提高乡村农民的生活质量。

（2）城、乡产业与乡村聚落体系协调发展。确保乡村生态、生产与生活空间的匹配，产业及其土地空间有重点地、适度地集中发展；同时与乡村聚落体系的规划和建设相协调，使乡村聚落体系承担第一产业与第二产业和第三产业关联的深加工、流通等功能，发挥产业对乡镇经济和居民就业带动作用，同时乡镇（或小城镇）为乡村发展提供高水平、高效的居住、商业、公共服务等配套服务功能。

（3）镇、村绿色经济是城乡产业统筹的关键。从资源条件和市场需求出发，镇村经济应推广适销、高产、优质、生态的产品，以现代生态农业园区为主体，兼有部分传统农业，体现规模化、设施化、精品化、绿色化。充分发挥城镇的“连接、服务、集散、市场、带动、辐射”等多元功能，积极发展与农业配套的农产品深加工业、交易、流通的镇区贸工农一体化产业，打造产业链，从而促进乡村第一产业的全程产业化。位于小城镇及其周边或沿重要发展轴线的地区，配合产业园区功能，可发展制造产业，特别是农副产品的深加工产业，增加乡村多样化发展和农民就业机会，融入区域及国际分工。

8.4.2 农业发展

1.推广一村一品，但同时多样化发展

根据不同发展条件，引导村庄特色产业差异发展，建立特色产业农、企合作与产业推广中心，并强化其与乡村生态旅游线路的串联，设置特色农产品展销中心。现有菜篮子基地亦提升为智慧型生态化的现代农业园，提供市民蔬菜与食品安全保障。但是需要引起重视的是“一村一品”并不是仅仅以生产一个（种）产品，而是以一个产品为重点，同时实施多样化的发展。历史的经验和各国的经验已经证明，如果仅仅以围绕一个产品，在不确定的经济全球化过程中，难免会遭遇风险。

2.复育闽南乡土文化、带动乡村旅游

创新理念与机制，拓展产业化及市场化模式，引入乡村休闲旅游企业化管理的机制，充分发挥农民以及农村集体土地的优势，通过特色休闲产品及特色休闲区，促进农业转型。鼓励具有特色地景和农业景观等旅游资源的地区，发展精致的生态农业庄园，并适当配置相应的服务设施建设用地指标。

3.构建特色优势农业产业基地

以同安区莲花镇省级农民创业示范基地为平台，形成种苗业、特色农产品生产和生态农业的核心区域。通过特色产业基地建设，加快构建区域化布局、规模化种养、标准化生产和集约化经营的都市型现代农业发展新格局。同时引导农业的产业集群发展，构建完整的产业链和产业网络，完善产前、产中、产后以及相关配套产业服务体系，促进农业产业模式的调整。

8.4.3 完善城乡公共服务与设施配置，实现乡村的宜居

以城镇为公共服务的中心实现集约化发展与公共服务设施的供给十分重要。但是公共服务的配置不能仅仅考虑基于城镇范围的完善、需求及标准配置，还要统筹考虑周边乡村村民能够享受到公共服务的权利。使乡村居民能够获得公平地享受基本公共服务的权利，缩小城乡社会差别，这应当是城乡公共服务统筹规划的出发点和重点，也是乡村地区实现宜居的条件。不过需要强调的是，均等化并不意味着平均化，乡村地区地广人稀，公共服务设施的发展还需要考虑投入和效益的问题，设施布局的集聚规模效应也需兼顾。如根据教育改革思路，教育设施规划不但要按人口规模的要求安排相应的中小学数量，还要求中小学相对集中，以便于有效地提高教育水平，相应的村庄小学向镇区集中成为趋势。

乡村地区在进行公共设施统筹配置时，需要重点考虑在推进城镇化的过程中，结合聚落体系规划的逐步实施，充分发挥城镇的辐射作用，建立辐射乡村的服务节点，提供教育、医疗卫生、生产性技术支持等服务。此外，由

于规划采用TOD（公共交通导向）模式联系城乡，建设有利于引导乡村集中发展的交通体系，加强乡村公路以及轨道交通建设，构建联系城乡的公交系统，可保证公共服务和设施的可达性与集约性。根据城乡发展的实际公共服务与设施体系总体可以划分为三大类。

第一类为基本公共服务的范畴，即保障社会全体成员基本生活需求的设施。这些设施涉及居民日常的生活生产、教育、医疗、文化体育活动以及社会保障等各个方面，可以将其细化分为五个类别——义务教育、公共卫生和基本医疗、基本社会保障、基本就业保障、基本市政设施。在均等化的发展过程中，对于乡村基本公共服务投入的阶段性，重点保证规划城镇、特色村布置，以鼓励集聚、城镇化为前提，减少过程性浪费，过渡村保持适当规模、基本上不增加大的项目投资。

第二类为保障社会全体成员享受中等生活水平的需求和农业生产需求的设施，包括农业设施与服务、文化体育、交通设施与公共交通、供气、电信网络、污水收集和处理系统。

第三类主要为大型公共设施，是城乡共建共享的建设投入大、服务范围广的设施，主要配置于副城和新城，需充分考虑辐射区域的人口规模，依托良好的交通条件满足城乡地区的需求。

8.4.4 统筹城乡职住空间

同安区多数地区基本还是农村的范畴，但其本身又兼具城市和乡村的二元特征，应该结合厦门空间格局的变化，实现“一慢，一快”的发展格局。同安作为岛外的城乡协调发展带，在未来快速发展中，重点应当考虑实现职住的平衡，实现居住地和就业地之间的最小通勤量，以此作为可持续和宜居的发展理念和目标。主要包括以下几个方面的提升。

1.建立职住平衡的宜居综合城镇单元

职住综合功能社区是以社区为基础的城市构成中的最高级别，每个功能社区都担负着城市的某项专门职能，如居住、工业、商业、文化教育等。功能社区除了自己的主要职能外，还具有支持城市居民生活的其他职能。

2.完善公共服务设施配套，吸引就业人口本地化

在城镇居民点的规划中要注重与主城功能的协调和衔接，作为以乡村为主要功能的同安区要构建自己的公共服务体系，配备完善的公共设施，提高配套设施，增加自身的吸引力，设法将大量的劳动力留在本地居住和就业。新开发地区要配备完善的基本公共服务设施，提高配套设施的服务标准，提供绿色公共空间，吸引就业人口本地化生活，形成居住、就业、公共服务一体的综合性、宜居的城市功能单元。

3.加快公共交通体系建设，提倡TOD导向的空间利用模式

逐步建立起以公共交通为主体，快速轨道交通为主干，建立协调、立体和高效的综合交通网络，提倡“公共交通主导的发展单元”的发展模式。其核心是以区域性交通站点为中心，以适宜的步行距离为半径，在这个半径范围内建设中高密度住宅，提高社区居住密度，以及混合住宅及配套的公共用地、就业、商业和服务等多种功能设施，以此有效地达成复合功能的目的，从区域宏观的视角整合公共交通与土地使用模式的关系。

9 宜居城市规划和建设指标体系

9.1 宜居城市规划和建设指标体系概述

根据对国内外宜居城市学术、规划与发展政策和指标体系的研究，结合对厦门在社会、经济和环境等方面的实证研究的基础上，制定了宜居城市规划和建设的指标体系。这个指标体系可以用于分析城市在宜居建设和发展的优势、弱点、机会和挑战，也可以作为建设宜居城市的方向和目标。

宜居城市是一个复杂的系统，由多种要素构成，对宜居城市的评价应当选取关键和核心的指标项。因此，宜居城市指标体系提取了宜居城市的五大核心要素：生态环境美好、城市风貌宜人、人文社会和谐、经济产业繁荣和生活交通便利。指标体系的构建从以人为本的视角出发，兼顾了居民在城市中的主观感受，作为宜居城市评价的重要工具。因此，本指标体系相较于其他的客观指标体系，分为客观评价和主观评价两个方面，综合反映宜居城市发展现状。

由于经济社会发展阶段的不同，宜居城市建设需要分阶段进行，因此在目标和指标体系的制定中，根据国家的发展目标，确定了两个不同的目标年。为此指标体系设定了5个宜居城市的发展目标，29个指标，针对不同的目标年，每一个指标被赋予了不同的分值（表9-1）。由于本指标体系具有一定的前瞻性，希望在全社会共同努力下，实现人民对美好生活的追求，实现“两个一百年”的奋斗目标。

9.2 宜居城市发展目标与规划建设指标体系

宜居城市发展目标与规划建设指标体系的具体内容见表9-1。

宜居城市的发展目标与规划建设指标体系 **表9-1**

目标	2035年指标	2050年指标
一、生态环境美好	1.年平均空气质量指数（AQI） 标准值：50～100 2.城市地表水体达标率（%） 标准值：地表水Ⅱ类、Ⅲ类水质100%；没有Ⅴ类和－Ⅴ类水质的地表水 3.噪声达标区覆盖率（%） 标准值：白天12h平均值70dBA 夜晚12h平均值55dBA 4.城镇生活垃圾回收利用率（%） 标准值：70% 5.人均绿地面积（m^2/人） 标准值：12m^2/人 6.居民对绿色和公共空间及其可达性 标准值：≥90% 7.居民对城市生态环境的满意率 标准值：100% 8.应对气候变化 标准值：已制定相应的政策、规划和措施，并处于落实阶段。城市在过去15年遇到强降雨天气时未出现严重的城市内涝灾害	1.年平均空气质量指数（AQI） 标准值：0～50 2.城市地表水体达标率（%） 标准值：地表水Ⅱ类、Ⅲ类水质100%，没有Ⅳ类、Ⅴ类、－Ⅴ类水质的地表水 3.噪声达标区覆盖率（%） 标准值：白天12h平均值60dBA 夜晚12h平均值45dBA 4.城镇生活垃圾回收利用率（%） 标准值：95% 5.人均绿地面积（m^2/人） 标准值：15m^2/人 6.居民对绿色和公共空间及其可达性 标准值：100% 7.居民对城市生态环境的满意率 标准值：100% 8.应对气候变化 标准值：通过制定相应的政策、规划和措施。基本避免洪涝灾害对人身安全的威胁。城市在过去30年遇到强降雨天气时未出现严重的城市内涝灾害
二、城市风貌宜人	1.城市内山体、水体的保护及其通达性 标准值：山体、水体保护好，通达性：80%； 2.居民对城市市容市貌的满意率 标准值：100% 3.历史文化遗产与城市文脉延续 标准值：颁布文化遗产，重点文物可持续保护与利用的政策并有具体的措施，对传统民俗文化有具体的弘扬措施	1.城市内山体、水体的保护及其通达性 标准值：山体、水体保护较好，通达性：100%； 2.居民对城市市容市貌的满意率 标准值：100% 3.历史文化遗产与城市文脉延续 标准值：在价值观和实际生活中，政府与民众对历史遗产和传统民俗文化有自觉保护的意识
三、人文社会和谐	1.200m距离内紧急避难场所覆盖率与人均面积（m^2/人） 标准值：100%；人均面积：1.5m^2/人 2.居民对社会治安的满意率 标准值：100% 3.居民对居住小区公共空间和服务设施的满意度 标准值：100% 4.社区适老性设施和服务的供给覆盖率（%） 标准值：50% 5.千人居民医生数量：4名医生 6.千人居民教师数量：8名教师 7.居民对城市规划公共参与和规划实施效果的满意率 标准值：100%	1.200m距离内紧急避难场所覆盖率与人均面积（m^2/人） 标准值：100%；人均面积：1.5m^2/人 2.居民对社会治安的满意率 标准值：100% 3.居民对居住小区公共空间和服务设施的满意度 标准值：100% 4.社区适老性设施和服务的供给覆盖率（%） 标准值：90% 5.千人居民医生数量：6名医生 6.千人居民教师数量：12名教师 7.居民对城市规划公共参与和规划实施效果的满意率 标准值：100%

续表

目标	2035年指标	2050年指标
四、经济产业繁荣	1.城镇居民人均GDP（美元） 标准值：22000美元 2.高附加值产业就业人口占总人口比重（%） 标准值：30% 3.创新、创意产业产值占总产值比重（%） 标准值：30% 4.政府对创业企业和小、微企业的扶植 标准值：政府相关政策的制定，以及企业满意度60% 5.企业对营商环境的满意率（%） 标准值：≥90%	1.城镇居民人均GDP（美元） 标准值：54000美元 2.高附加值产业就业人口占总人口比重（%） 标准值：60% 3.创新、创意产值占总产值比重（%） 标准值：60% 4.政府对创业企业和小、微企业的扶植 标准值：政府相关政策的制定，以及企业满意度90% 5.企业对营商环境的满意率（%） 标准值：100%
五、生活交通便利	1.市域范围公共服务设施（文体、医疗、教育等）800m半径服务范围覆盖率（%） 标准值：80% 2.市域范围便民商业设施500m半径服务范围覆盖率（%） 标准值：70% 3.市域范围社区级公共空间与绿地500m服务半径服务范围覆盖率（%） 标准值：70% 4.绿色交通分担率（%） 标准值：≥70% 5.市域范围智能交通设施覆盖率和准确率（%） 标准值：≥70% 6.居民对公共设施及其可达性的满意率（%） 标准值：100% 7.居民对商业设施及其可达性的满意率（%） 标准值：100% 8.居民对城市交通状况的满意率（%） 标准值：≥90%	1.市域范围公共服务设施（文体、医疗、教育等）800m半径服务范围覆盖率（%） 标准值：100% 2.市域范围便民商业设施500m半径服务范围覆盖率（%） 标准值：100% 3.市域范围社区级公共空间与绿地500m服务半径服务范围覆盖率（%） 标准值：100% 4.绿色交通分担率（%） 标准值：≥90% 5.市域范围智能交通设施覆盖率和准确率（%） 标准值：100% 6.居民对公共设施及其可达性的满意率（%） 标准值：100% 7.居民对商业设施及其可达性的满意率（%） 标准值：100% 8.居民对城市交通状况的满意率（%） 标准值：100%

资料来源：作者自制

10 厦门宜居城市建设与世界其他宜居城市的对比

厦门的发展目标是率先实现国家的战略目标。厦门是我国最早对外开放的港口之一，也是1980年代经济特区之一。作为滨海城市，厦门获得诸多的，包括联合国人居奖在内的一系列的奖项和荣誉，宜居也一直是厦门城市的特点，未来的发展仍然应当将宜居作为首要的目标之一。这也是为了实现习近平总书记在十九大上提出的“坚持以人民为中心”，“把人民对美好生活的向往作为奋斗目标”。厦门应当发挥自身的优势和特色，实现可持续的发展。

但是厦门作为宜居城市与世界排名在前的宜居城市仍然有一定的差距，为了进一步提升厦门城市的宜居度，根据制定的宜居城市指标体系，将厦门宜居城市现状与世界一些宜居城市进行比较（表10-1），有助于以厦门作为具体的实例，了解我国宜居城市建设的优势和需要进一步完善的方向。在此基础上，根据总结国际不同城市的宜居发展目标和国内宜居城市主要研究机构提出的宜居城市的标准（表10-2），提出厦门作为宜居城市，在规划和建设上的核心目标，并就核心目标，进一步分析宜居城市建设需要完善的方向，在分析的基础上明确厦门宜居城市建设以及实现2035年、2050年发展目标的路径。

厦门宜居城市建设现状与其他宜居城市比较 **表10-1**

指标项	厦门现状	新加坡	其他城市
年平均空气质量指数（AQI）	57μg/m^3	27μg/m^3（2014）	墨尔本14μg/m^3
城市地表水达标率（%）	存在V类、-V类的地表水（河流）	100%	温哥华100%
人均绿地面积（m^2/人）	9.6m^2/人	25m^2/人（2014）	温哥华23.9m^2/人
居民对绿色公共空间及其可达性的满意率（%）	70%（采用本次调研数据）	83.6%（2009）	卡迪夫87.5%
居民对城市生态环境的满意率（%）	86.5%（2015年厦门环境满意状况调查分析）	93%	维也纳89%
应对气候变化	厦门海绵城市建设已完成项目29个	已有相应的规划出台	奥斯丁具有完善的规划应对气候变化
城市在过去10年遇到强降雨天气时未出现严重的城市内涝灾害	厦门遭受过城市内涝	遭受过城市内涝	温哥华没有出现严重内涝

续表

指标项	厦门现状	新加坡	其他城市
历史文化遗产与城市文脉延续	制定了相关的地方法规和保护规划	有健全的文化遗产及风貌规划	日内瓦具有完善的历史遗产规划并严格执行
200m距离内紧急避难场所覆盖率与人均面积	$1.5m^2$/人	有完善的应急避难场所	奥斯汀$2.5m^2$/人
社区适老性设施和服务的供给覆盖率	—	100%（包括居家养老）	京都100%
千人居民医生数量	2.58	2.1	柏林4人
千人居民教师数量	12.6	3.39	8人（OECD）
城镇居民人均GDP（美元）	98038元（2016）	52960.71美元（2016）	温哥华44337美元
高附加值产业就业人口占总人口比重（%）	37%	79.2%	卡迪夫87.9%
创新、创意产业产值占总产值比重（%）	55.7%（2016）	74%	维也纳85.3%
市域范围公共服务设施（文体、医疗、教育等）800m半径服务范围覆盖率（%）	—	100%（邻里中心服务范围在1000m左右）	卡迪夫步行15min（约800m）抵达室外体育场所
市域范围便民商业设施500m半径服务范围覆盖率（%）	100%	100%	—
市域范围社区级公共空间与绿地500m服务半径服务范围覆盖率（%）	—	100%	—
公共交通分担率（%）	32%	70%	赫尔辛基50%以上
市域范围智能交通设施覆盖率和准确率（%）	厦门已推行了智能交通工作（APP，电子站牌）	建立了ITS系统，智能交通覆盖率较高	哥本哈根智能交通部署相对完善，包括自行车绿波等
居民对公共设施及其可达性的满意率（%）	73%（采用本次调研数据）	85%（2009）	布里斯托82%
居民对商业设施及其可达性的满意率（%）	72%（采用本次调研数据）	91.3%（2009）	布里斯托83%
居民对城市交通状况的满意率（%）	70%（采用本次调研数据）	85.8%（2009）	布里斯托67%

资料来源：作者自制

不同国际宜居城市和研究机构的宜居目标内容 表10-2

宜居城市及相关机构	主要的发展目标
温哥华	绿色空间，紧凑城市，设施完整的社区，交通多样性
伦敦	交通的便利性和可达性，室外公共空间的使用和连续性；住房的多样性和可支付性
新加坡	多样性和包容性；减少密度、增加公共空间和绿色空间；可支付的混合型社区
卡迪夫	经济繁荣昌盛，安全与健康，清洁的环境，可以发挥潜力的氛围，公平、包容
中国宜居城市科学评价标准（中国城市科学研究会）	社会文明度、经济富裕度、环境优美度、资源承载度、生活便宜度、公共安全度
中国科学院宜居城市研究组	环境健康的城市，安全的城市，自然宜人的城市，社会和谐的城市，生活方便的城市和出行便捷的城市

资料来源：作者自制

根据对厦门宜居城市现状和目标的分析，并参考其他宜居城市的发展目标，厦门宜居城市建设的核心目标应当包括：

（1）公共服务设施（包括医疗，教育和文化设施）的提升；

（2）公共空间和绿色空间及其通达性；

（3）便利的绿色交通，以人为本；

（4）优质的环境（空气和水源）；

（5）可支付的住房。

10.1 厦门宜居城市核心目标与其他宜居城市的比较

10.1.1 公共服务设施

良好的公共服务资源，特别是高质量的教师和医生，加上清洁的空气、水等环境要素，是宜居城市、可持续发展和吸引人才的必要条件。

虽然厦门的公共基础设施和公共服务设施，主要包括体育、文化、教育和医疗卫生等的配备水平在不断提高，但还存在等级体系不完整、空间分布不均衡，岛内外差异明显，公共设施主要集中在本岛；设施布局方面，市、区级公共文化设施半数以上分布在岛内。村、镇、街道的文化建设标准相对较低，而且匮乏。

厦门的教育资源与世界其他宜居城市相比较具有一定的优势。根据厦门统计年鉴的资料，厦门的千人教师数达到12.6人，与多数宜居城市每千人拥有教师8名的标准相比较，好于发达国家宜居城市的平均水平。厦门小学教师平均每名教职工负担学生数为18.32人，略高于排名靠前的宜居城市的平均值15人，但中学平均每名教职工负担学生数约为12人，优于其他宜居城市。每千人在校学生数为239名，其中包括大、中、小及专科学生。千人大学生数（大专以上）为40名。教育水平方面有较好的表现。但在医疗卫生，体育设施和文化设施方面与西方国家的宜居城市相比较仍有比较大的差距。根据对厦门总体规划项目组对现状的分析和评估，厦门目前千人床位数偏少，全市医疗机构床位数为15554床，每千人床位指标约为4.03张。而且医疗分级诊疗体系尚未形成，基层医疗机构数量不足，服务能力弱。更为重要的是，目前厦门的千人医生数仅为2.8人（含社区卫生中心、村卫生室、门诊部等所有医疗卫生机构类型的医生），而西方宜居城市基本达到4名左右。例如，赫尔辛基3.4人/千人，哥本哈根3.7人/千人，柏林4人/千人，日内瓦4.1人/千人。每千人医生数量体现了医疗健康的服务水平和就诊的便利度。一个宜居的城市必须是一个人的健康有保障，人的潜力能够充分发挥的城市，千人医生数量和千人教师数量是其前提条件。厦门需要保持其教育水平的优势，同时增加医生的数量，把引进医生与引进其他人才放在同等重要的位置上。

厦门文化馆、群艺馆，目前有8个，总数量稍显不足。公共图书馆机构数为10个，虽然数量不是很多，例如大多数宜居城市图书馆数量超过80座。不过厦门市设置的24h自助图书馆对各个社区有着较好的覆盖，基本上可以满足居民步行到达借阅的需求。

体育设施数量少，布局无法形成体系，体育场地分布不均衡，老城区尤其缺乏。另外，现有的多数体育场地不对公众开发，造成体育场馆（地）的通达性差。厦门的友好城市，英国卡迪夫每个社区步行15min即可到达免费开发、配套齐全的户外体育活动场所。

10.1.2 公共空间

厦门的人均绿地面积和公共空间的通达性与世界主要的宜居城市相比较有

较大的差距。厦门目前的人均绿地面积2015年为9.6m^2/人。存在的问题包括绿地建设滞后，特别是岛外地区，根据2015年用地现状统计数据，岛外城市绿地与广场用地占岛外城市建设用地总量比重仅6.8%，岛外除集美区外，人均城市绿地面积低于10m^2/人的国家标准。而世界主要的宜居城市的人均绿地面积都达到15m^2。例如温哥华23.9m^2/人，维也纳15.5m^2/人，日内瓦15.1m^2/人。苏黎世的城市公园绿地规划有更高的标准：(1) 从每个住宅出发，在步行10～15min的距离之内，可以方便地到达就近的公园绿地；(2) 从工作地点出发，在步行5～7min的距离之内，可以方便地到达开放空间。

对于厦门建成区的绿化空间问题，在中国科学院地理科学和资源研究所宜居城市研究小组2016年出版的《中国宜居城市研究报告》也有所表述。这个研究小组的调研结果表明，厦门居民对厦门自然环境满意的比例为35.6%，居全国第10位；但对建成区的绿化满意度排名却在第18位。改善厦门建成区的绿化、公共空间是厦门提升宜居度的重点目标之一。

10.1.3 便利的绿色交通

无论是开车的或坐车的，终归都是行人，都必须步行，也都需要良好的步行环境。城市建设是为了人，而不是为了车。厦门城市交通的发展尚未对小汽车的使用进行管控，交通需求管理至今未能实现。城市交通的发展缺乏“以人为本”。行人优先及公交优先的理念未能真正落实，主要原因有观念上和理解上的问题。公共交通，绿色出行是多数宜居城市的重要发展目的，厦门目前的公共交通分担率仅为25.7%，自行车的出行比例更低，与世界一些宜居城市的绿色交通分担率比较有相当的差距。例如新加坡的公交分担率为70%，赫尔辛基目前50%以上的出行采用公交出行，28%为小汽车出行。赫尔辛基制定的发展战略明确到2025年将现有的公共交通网络建设成一个全面的、点对点的“按需出行”系统。智慧城市在世界不少国家和城市的实践，使人们可以直接从智能手机上实时定制出行计划，为所有出行者提供一系列便宜、灵活和协调的绿色出行方式选择，在费用、便利性和易用性都能够优于小汽车，绿色交通将有强大的竞争力，以此实现对小汽车全面的限制。

哥本哈根的目标是到2025年工作和教育采用为自行车出行的比例将从2014年的45%增加到50%；所有出行中，步行、自行车或公共交通工具的比例至少占75%；小汽车出行不超过25%；小汽车中至少20%～30%使用电力、沼气、生物乙醇或氢气。2025年哥本哈根将成为零碳排放的城市。

绿色出行比例的提升还有利解决厦门面临的空气污染问题。我们的调研表明厦门空气污染物的三分之一来自汽车尾气排放带来的污染。实现绿色交通，不仅仅能够减缓交通拥堵状况，同时能够减少汽车尾气污染，净化空气，减少对大气层二氧化碳的排放。

10.1.4 优质的环境

在环境方面，根据《厦门2016年环境质量公报》，2016年，全市环境空气质量优良率98.9%，在全国74个重点城市排名第4。虽然全市集中式饮用水源地——坂头石兜水库和汀溪水库饮用水源达标率100%，但厦门市地表水质治理仍然存在比较大的问题，存在相当比例的－V类地表水。厦门市空气质量虽然一直位居全国前列，近几年却出现下降趋势。中国科学院地理科学和资源研究所宜居城市研究小组于2016年出版的《中国宜居城市研究报告》提到对全国相关城市进行调研，厦门居民对居住环境污染程度表示很严重的占37.2%，这个比例高于沈阳、珠海、海口、拉沙、合肥、杭州、宁波、青岛、贵阳和西宁等城市居民对所在城市污染情况的不满意比例。根据对厦门当地居民的问卷调研，也获得相似的反馈意见，34.3%的受访者认为厦门的空气质量这几年变差了，需要改进。

相比较世界所有的宜居城市，环境质量一直就是重要的标准。虽然发达国家与发展中国家的城市在环境质量上的差距是客观存在的，但厦门仍然需要强化对环境的治理，保证作为一个宜居城市所应当具备的优良的环境质量。

10.1.5 可支付的住房

制约厦门宜居建设和经济发展的主要问题是厦门的房价。虽然世界上不同国家的城市在制定宜居城市发展战略时，直接以可支付的住房或房价作为目标的不多，世界不同机构和组织的评估体系也少有将可支付的住房或房价作为其指标体系，并以此评估世界城市的宜居度，但厦门的发展和宜居度却深受房价的困扰。

有研究表明，“厦门房价从2015年3月开始连续上涨，截至2016年底二手房底均价已达4.2万/m^2，2016年涨幅居全球第二。较低的人均居住面积、紧缺的住宅用地供应、高企的房价，将使经济实力不突出、平均工资水平不高的厦门失去对高素质劳动力人口的吸引力，这将对产业升级、城市建设带来负面影响”。曾对厦门年轻专业技术人员的调研也显示，厦门的中等收入年轻人有一些人在考虑离开厦门，主要的原因就是高房价给他们带来的压力。

厦门应当以十九大提出的“加快建立多主体供应、多渠道保障、租购并举的住房制度”政策和住房供给的发展目标，推进住房供给侧改革，提供更多的可支付的租售住房。

10.2 厦门实现宜居城市目标路径

厦门宜居城市发展的几个重点问题是相辅相成的，它们之间有密切的联系。

（1）厦门建设用地的分配不均衡，厦门本岛集中了一半以上的人口，密度高，公共空间和绿色空间相对缺乏，特别是在老旧小区和城中区地区的公共绿色空间欠缺。因此厦门应当通过对老旧小区和城中村的实施“双修”改造，实现所有居民的宜居城市。具体措施包括：①增加社区公共、绿色空间；②满足居民对社区体育、文化和医疗（包括适老性）设施的需求；③疏解高密度的老旧小区和城中村地区的人口；④提升建成区环境和生活的品质。改造模式可以采取设计引导、制度创新，例如“以奖代补”和“容积率奖励”，以及“自上而下”与“自下而上”相结合的模式，鼓励社区居民的参与，吸引社会资金的投入。

（2）还道路空间于行人。宽阔的道路，特别是车行道建设不是解决机动车拥堵的办法，只能给行人带来众多的不便利和安全的隐患。厦门需要通过交通需求管理的各种手段，包括行政、土地利用、信息和经济等各方面的措施，控制小汽车的出行。但需要进一步提升公共交通的服务质量，进一步完善轨道交通、BRT、常规公交和自行车一体化的绿色交通网络。

需要严格控制多车道道路（快速路）的建设。新的道路的建设应当控制车道的数量；并通过对现有道路的改建减少车道，控制路面的宽带，考虑行人的安全和宜人的空间尺度。

通过精细化的设计改善慢行交通的出行环境，同时发挥厦门在智慧城市建设方面的技术和人才等优势，促进智能交通的发展，实现点到点，按“需求出行”的定制公共交通，提升公共交通的便利性，舒适性和与小汽车的竞争性，减少对小汽车依赖的出行。居住小区应当严格实行机动车与行人分隔的措施，将居住空间给予居民，而不是机动车。绿色交通的发展将同时改善空气质量，减少二氧化碳的排放。

（3）厦门自然环境需要改善。应当颁布严格的环境保护政策和措施，通过控制建设工地的扬尘，改变交通出行方式，保护厦门的大气环境质量。厦门仍然存在部分Ⅴ类和－Ⅴ类地表水。对Ⅴ类和－Ⅴ类地表水的治理是厦门环境改善的重要目标之一。

环境的治理，包括大气和水源污染的治理与经济的发展有着密切的关系。无论是固体、气体或液体污染物的产生是因为资源未能得到有效的利用，因此在生产和生活过程形成了废弃物的排放。自然界是没有废弃物的，环境的改善可以采取生态化的处理技术和理念。因此，厦门应当鼓励生态、循环经济的发展，降低废弃物的生成，减少污染物的产生，实现环境与经济发展的双赢局面。

（4）加大对有“创新、创意、创造”人才的吸引力度，包括对大专、大学毕业生，同时加大对医生和教师的引进力度。厦门经济的转型和可持续的经济发展需要大批有知识、有创新意识、有创造力、思路开拓的年轻人。制约厦门吸引和保留住人才的一个制约因素是高房价，因此厦门应当将扩大住房保障覆盖率，不但要考虑中、低收入住房困难家庭，或高端科技人才的住房供给问题；同时需要考虑那些有知识、有创新能力、能够带来就业的“新市民”，将他们纳入租赁保障范围。对这些人员的租赁房供给，不是根据他们缴纳了多少社保，入住厦门多长时间，而是他们带来哪些创意产品、技术和专利，带来了多少就业岗位，为厦门的经济作了多大的贡献。住房供给侧改革和提供更多的可支付的租售住房，应当与老旧小区和城中村的改造结合在一起，既对这些地区的改造提供动力，也产生压力，以此鼓励社会资金加入改造过程。提供可支付的住房，对厦门宜居和可持续的经济发展将起积极的促进作用。

参考文献

[1] 柏先红，刘思扬．“乡村振兴之路”调研报告 [J]. 调研世界，2019（6）：3-7.

[2] 北京城市总体规划（2004年—2020年）[EB/OL]. http：//zfxxgk.beijing.gov.cn/110015/jqgh32/2015-07/24/content_49429.shtml.

[3] 柴清玉．建设“宜居城市”关键在政府 [J]. 领导科学，2006（16）：24-25.

[4] 陈湛亮．墨尔本城市交通建设印象 [J]. 道路交通管理，2010（5）：58-59.

[5] 邓清华，马雪莲．城市人居理想和城市问题 [J]. 华南师范大学学报（自然科学版），2002（1）：129-134.

[6] 付伟，罗明灿，李娅．基于“两山”理论的绿色发展模式研究 [J].生态经济，2017，33（1）：217-222.

[7] 董伟．准确把握城市环境总体规划内涵 [J]. 中国环境报，2013.

[8] 董晓峰，郭成利，刘星光，等．基于统计数据的中国城市宜居性 [J]. 兰州大学学报：自然科学版，2009，45（5）：41-47.

[9] 国家统计局，第七次全国人口普查主要数据情况 [EB/OL] .（2021-5-11）[2021-5-15] . http：//www.stats.gov.cn/tjsj/zxfb/202105/t20210510_1817176.html.

[10] 顾文选，罗亚蒙．宜居城市应具备哪些条件 [J]. 科学决策月刊，2006（12）：5-7.

[11] 顾文选，罗亚蒙．宜居城市科学评价标准 [J]. 北京规划建设，2007（1）：7-10.

[12] 顾文选．宜居城市科学评价标准探讨 [C]// 中国城市科学研究会 .2006 中国科协年会——人居环境与宜居城市论文集．中国城市科学研究会，2006：19.

[13] 和田喜彦．温哥华市的城市规划 [J]. 国际城市规划，1995（3）：40-47.

[14] 何永．理解“生态城市 ”与“宜居城市”[J].北京规划建设，2005（2）：92-95.

[15] 姜煜华，甄峰，魏宗财．国外宜居城市建设实践及其启示 [J]. 国际城市规划，2009，24（4）：99-104.

[16] 蒋勇，杨巧．厦门市产业结构升级与经济增长关系的实证研究 [J].产业与科技论坛，2010，9（7）：71-73.

[17] 江曼琦，翁羽.宜居城市的产业支撑体系研究[J].城市经济，2010，17(12)：43-49.
[18] 赖敏平.城市化过程与地域文脉保留问题研究——以厦门集美为例[J].中外建筑，2007(6)：46-49.
[19] 联合国环境规划署(UNEP)，可持续消费与生产ABC，可持续消费与生产概念阐释：迈向可持续消费与生产的十年规划框架.2009(2020-09-24)https：//www.oneplanetnetwork.org/sites/default/files/10yfp-abc_of_scp-zh.pdf.
[20] 俞孔坚，李迪华.论反规划与城市生态基础设施建设[C]//杭州市园林文物局.杭州城市绿色论坛论文集.中国美术学院出版社，2002：55-68.
[21] 李丽萍，郭宝华.关于宜居城市的理论探讨[J].城市发展研究，2006，13(2)：76-80.
[22] 李业锦，张文忠，田山川，余建辉.宜居城市的理论基础和评价研究进展[J].地理科学进展，2008，27(3)：101-109.
[23] 李玉红，王皓.中国人口空心村与实心村空间分布：来自第三次农业普查行政村抽样的证据[J].中国农村经济，2000(4)：124-144.
[24] 联合国人居署编著.城市化的世界：人类住区报告[M].沈建国，于立，董立翻译.北京：中国建筑工业出版社，1999.
[25] 刘静，朱青.城市公共服务设施布局的均衡性探究——以北京市城六区医疗设施为例[J].城市发展研究，2016(5)：6-11.
[26] 刘国臻.论我国土地发展权的法律性质[J].法学杂志，2011，32(3)：1-5.
[27] 刘秀洋，李雪铭.宜居城市建设经济效应的数量分析——以大连市为例[J].国土与自然资源研究，2008(2)：19-20.
[28] 刘沛林.诗意栖居：中国传统人居思想及其现代启示[J].社会科学战线，2016(10)：25-33.
[29] 刘国民.创造良好的宜居环境[N].协商新报，2010-10-22(001).
[30] 刘兴政."宜居型城市"建设与产业结构调整研究[J].城市研究，2008(6)：75-81.
[31] 刘亚文.浅谈生态宜居城市的内涵和发展规律[J].经济研究导刊，2016(8)：114-115.
[32] 刘垚，邓昭华，李钰.基于宜居目标的山水城市规划控制研究：以肇庆市为例[J].华中建筑，2012(11)：102-105.
[33] 罗巧灵，于洋，张明.宜居城市公共空间规划建设新思路[J].规划师，2012，28(6)：28-32.
[34] 卢杨.中国宜居城市建设报告[M].北京：中国时代经济出版社，2009：123.
[35] 陆仕祥，覃青作.宜居城市理论研究综述[J].北京城市学院学报，2012(1)：13-16.

[36] 陆锡明. 特大城市的宜居都市绿色交通战略思考[C]// 中国城市规划学会城市交通规划学术委员会. 新型城镇化与交通发展——2013年中国城市交通规划年会暨第27次学术研讨会论文集. 中国城市规划学会城市交通规划学术委员会，2014：8.

[37] 吕传廷，何磊，王冠贤，杨明，连玮，广州宜居城市规划建设思路及实施策略[J]. 规划师，2010，26(9)：29-34.

[38] 穆松林，高建华. 土地征收过程中设置土地发展权的必要性和可行性[J]. 国土与自然资源研究，2009(1)：35-37.

[39] 任致远. 新时代宜居城市思考[J]. 中国名城，2021，35(3)：1-5.

[40] 任致远. 关于宜居城市的拙见[J]. 城市发展研究，2005，12(4)：33-36.

[41] 桑小琳，邓雪娴. 多层住宅的改造——旧住宅可持续发展的对策[J]. 建筑学报，2005(10)：42-44.

[42] 沈满洪. "两山" 重要思想的理论意蕴 [N]. 浙江日报，2015-08-12(004).

[43] 舒从全. 关于营建三峡库区 "舒适城市" 的构想[J]. 重庆建筑大学学报：社科版，2000(2)：78-84.

[44] 宋金萍，王承华. 大城市老城区宜居品质提升的控规路径[J]. 规划师，2017，33(11)：10-16.

[45] 汤小玲. 历史街区 "体验空间" 营造研究[D]. 长沙：湖南大学，2007.

[46] 王琳. 宜居城市理论与影响因素研究[D]. 杭州：浙江大学，2007.

[47] 王璐. 宜居城市问题[J]. 科技经济导刊，2019，27(2)：113-114.

[48] 王永莉. 国内土地发展权研究综述[J]. 中国土地科学，2007(3)：69-73.

[49] 王万茂，臧俊梅. 试析农地发展权的归属问题[J]. 国土资源科技管理，2006(3)：8-11.

[50] 王育红，刘文海. 土地发展权的法律性质[J]. 河北法学，2017，35(4)：134-140.

[51] 王洋，于立. 历史环境的情感意义与历史城市的保护[J]. 国际城市规划，2019，34(1)：71-75.

[52] 王洋，于立. 国外 "人-地情感" 的 "标绘研究" 引介：作为规划决策依据的分析工具和公众参与途经的思考[J]. 国际城市规划，2019，34(4)：102-110.

[53] 陶林，高琦. 园林植物配置原则研究[J]. 价值工程，2010(12).

[54] 田银生，陶伟. 城市环境的 "宜人性" 创造[J]. 清华大学学报：自然科学版，2000(S1)：19-23.

[55] 谢奇. 宜居城市和城市交通发展政策调整的必要性[C]// 中国城市规划学会，南京市政府. 转型与重构——2011 中国城市规划年会论文集. 中国城市规划学会、南京市政府，2011：14.

[56] 新华社，2019中国绿色城市指数TOP50报告[EB/OL].（2019-12-31）[2021-11-09]. http：//www.xinhuanet.com/globe/2019-12/31/c_138668624.htm.
[57] 徐艳文.以轨道为主的墨尔本城市交通[J]. 城市公共交通，2016（8）.
[58] 魏后凯，黄秉信.农村绿皮书：中国农业经济形势分析与预测（2018—2019）[M]. 北京：社会科学文献出版社，2019.
[59] 吴良镛.人居环境科学导论[M]. 中国建筑工业出版社，2001.
[60] 厦门统计局.厦门经济特区年鉴[M].北京：中国统计出版社，2016.
[61] 厦门市城市规划设计研究院.集美学村历史文化街区保护规划[R]. 厦门市城市规划设计研究院，2015.
[62] 杨静怡，马履一，贾忠奎. 宜居城市绿化概述[J]. 中国城市林业，2010（2）：34-36.
[63] 叶立梅.和谐社会视野中的宜居城市建设[J]. 北京规划建设，2007（1）：18-20.
[64] 尹忠东，李一为，辜再元，赵方莹，赵廷宁，周心澄. 论道路建设的生态环境影响与生态道路建设[J]. 水土保持研究，2006（4）：161-164.
[65] 杨菁. 基于城市本质对城市政府角色的思考[J]. 经济体制改革，2008（1）：172-175.
[66] 于立，Marsden Terry，那鲲鹏. 以新兴的乡村生态发展模式解决中国城乡协调发展，探讨可持续性的发展模式：安吉案例[J].城市发展研究，2011，18（1）：60-67.
[67] 于立，王艺然.乡村振兴背景下我国乡村中产化的实施路径探索[J]. 经济地理，2021，41（2）：167-173+179.

[68] 甄峰.城市规划经济学[M].南京：东南大学出版社，2011.
[69] 张文忠，尹卫红，张锦秋. 中国宜居城市研究报告[M].北京：社会科学文献出版社，2006.
[70] 张文忠，余建辉，湛东升，马仁锋等.中国宜居城市研究报告[M]. 北京：社会科学文献出版社，2016.
[71] 张文忠. 宜居城市建设的核心框架[J]. 地理研究，2016，35（2）：205-213.
[72] 张文忠.中国宜居城市建设的理论研究及实践思考[J].国际城市规划，2016，31（5）：1-7.
[73] 郑泽爽. “墨尔本2050” 发展计划及启示[J]. 规划师，2015（8）：132-138.
[74] 中国城市科学研究会.宜居城市科学评价指标体系研究[R].建设部科学技术司，2007.
[75] 周兴寿. 厦门历史风貌保护工程南薰楼的加固改造研究[D]. 重庆：重庆大学，2003.

[76] 周志田，王海燕，杨多贵. 中国适宜人居城市研究与评价[J]. 中国人口·资源与环境，2004，14(1)：27-30.
[77] 周江评. 宜居城市墨尔本的交通启示[N]. 中国交通报，2016-12-8(3).
[78] 周宏春. "两山" 重要思想是中国化的马克思主义认识论 [J]. 中国生态文明，2015(3)：22-27.
[79] 张艳，李黎聪，杨征. 技术创新是实现产业绿色转型的根本途径[J]. 太原科技，2008(11)：15-16+19.
[80] 朱一中，曹裕. 农地非农化过程中的土地增值收益分配研究——基于土地发展权的视角[J]. 经济地理，2012，32(10)：133-138.
[81] 庄磊. 墨尔本归来话交通[J]. 交通与运输，2015(2)：63-64.
[82] Akamai Technologies. (2017). State of the Internet/ Security Report[EB/OL]. (2017-11)[2018-5-20]. https：//www.akamai.com/uk/en/multimedia/documents/state-of-the-internet/q4-2017-state-of-the-internet-security-report.pdf.
[83] Akenji，L.，Bengtsson，M. Making Sustainable Consumption and Production the Core of Sustainable Development Goals[J]. *Sustainability* 2014，6，513-529.
[84] Appleyard D. Liveable streets：protected neighbourhoods?[J]. The ANNALS of the American Academy of Political and Social Science，1980，451(1)：106-117.
[85] Carson，R. Silent Spring[M]. Boston，New York：Houghton Mifflin Company，1962.
[86] McCann，E. "Best places"：interurban competition，quality of life and popular media discourse[J]. Urban Studies 41，2004：1909-1929.
[87] Cardiff Council. Cardiff Liveable City Report[R]. Cardiff：Cardiff Council，2015.
[88] Casellati A. The Nature of Livability[C]//Making Cities Livable. International Making Cities Livable Conferences. California，U. S. A：Gondolier Press，1997：21-23.
[89] Centre for Liveable Cities and Urban Land Institute. 10 Principles for Liveable High-Density Cities：Lessons from Singapore[R]. Singapore：Centre for Liveable Cities and Urban Land Institute，2013.
[90] Centre for Municipal Studies. Greater Vancouver Economic Scorecard 2016[R/OL]. (2015)[2018-3-15]. Vancouver：The Conference Board of Canada，2016.
[91] City of Vienna. Vienna in Figures 2016[R]. Vienna，2016.
[92] Chiodelli，F.，Moroni，S. Zoning-integrative and zoning-alternative transferable development rights：compensation，equity，efficiency[J]. Land Use Policy 52，2016：422-429.

[93] Centre for Liveable Cities. Liveable and sustainable cities[M]. 2014.
[94] Daniels T, Daniels K. The environmental planning handbook: for sustainable communities and regions[M]. American Planning Association, 2003.
[95] David L. Smith, Amenity and Urban Planning[M]. London: Crosby Lockwood Staples, 1984.
[96] Douglass M. From Global Intercity Competition to Cooperation for Liveable Cities and Economic Resilience in Pacific Asia[J]. Environment and Urbanization, 2002, 14(1): 53-68.
[97] EIU(The Economist Intelligence Unit), Liveability Report[R/OL]. (2010-01-10) [2021-3-25]. https: //store.eiu.com/article.aspx?productid=455217630.
[98] Evans P. Livable Cities? Urban Struggles for Livelihood and Sustainability[M]. University of California Press, 2002.
[99] FAO, Sustainable Consumption and Production [R/OL]. http: // www.fao.org/ag/ags/sustainable-food-consumption-and-production/en.2015 (2019-03-07).
[100] fDi Intelligence. The global map of venture capital-powered FDI [R/OL]. (2020-6-26) [2021-03-15].
[101] Hahlweg D. The City as a Family[C]// Lennard S H, S von UngernSternberg, H L Lennard, eds. Making Cities Liveable. International Making Cities Liveable Conferences. California, USA: Gondolier Press, 1997.
[102] Knox P L. Urban social geography[M]. London Scientific & Technical, 1995.
[103] Gehl, J., Cities for people[M]. Washington: Island press, 2013.
[104] Gottlieb R, Freer R, Vallianatos M, et al. The next Los Angeles: The struggle for a liveable city[M]. University of California Press, 2006.
[105] Greater London Authority. The London Plan Spatial Development Strategy for Greater London Consolidated with Alterations since[EB/OL]. 2004.
[106] GVRD. Annual Report: Livable Region Strategic Plan[R]. Vancouver, Canada: GVRD, 2002.
[107] Janette Hartz-Karp. A case study in deliberative democracy: Dialogue with the city[J]. Journal of Public Deliberation, 2005, 1(1): 1-13.
[108] Johnston R J. Spatial patterns in suburban evaluations[J]. Environment and Planning A, 1973, 5(3): 385-395.
[109] Kaal, H.. A conceptual history of liveability City[J]. CITY, 2011, 15(5): 532-547.
[110] Le Corbusier. City of Tomorrow and Its Planning. London: Architectural Press,

1947.
[111] Lennard H L. Principles for the Liveable City[C] // Lennard S H, S von Ungern-Sternberg, H L Lennard, eds. Making Cities Liveable. International Making Cities Liveable Conference. California, USA: Gondolier Press, 1997.
[112] Ley, D. Urban liveability in context[J]. Urban Geography. 1990, 11(1): 31-35.
[113] Litman T. Sustainability and Liveability: Summary of Definitions, Goals, Objectives and Performance Indicators[R]. New York: Victoria Transport Policy Institute, 2010: 1-4.
[114] Lowe, M., Whitzman, C., Badland, H., Davern, Lu, M.D., et al. Planning Healthy, Liveable and Sustainable Cities: How Can Indicators Inform Policy?[J]. Urban Policy and Research, 2015, 33: 2, 131-144.
[115] Lucas, R. On the Mechanisms of Economic Development[J]. Journal of Monetary Economics, 1988, 22(1): 3-42.
[116] Lynch, K. A Theory of Good City form[M]. Cambridge. MA: MIT Press, 1981.
[117] Marshall, A. Principles of Economics (e-book)[M]. Palgrave Macmillan UK, 2013.
[118] McCann, E. "Best places": interurban competition, quality of life and popular media discourse[J]. Urban Studies 41, 2004: 1909-1929.
[119] Meadows, D. H., Meadows, D.L., Randers, J. & Behrens III, W.W., The Limits to Growth[M]. New York: Universe Books, 1972.
[120] Me Gee, T.G.. Building Liveable Cities in Asia in the Twenty-First Century Research and Policy Challenges for the Urban Future of Asia[J]. Malaysian Journal of Environmental Management, 2010 11(1): 14-26.
[121] Mercer. Quality of living rankings[R/OL]. (2016) [2018-01-30]. https://www.imercer.com/content/mobility/quality-of-living-city-rankings.html.
[122] Monocole. Top 25 liveable cities—Global[R/OL]. (2016)[2018-01-30]. https://monocle.com/magazine/issues/95/top-25-liveable-cities/.
[123] Morgan, K. and Morgan, S.. State Rankings 2003: A Statistical View of the 50 United States[M]. Lawrence, Kan.: Morgan Quitno Corp, 2003.
[124] Mumford, L.. The Culture of Citics[M]. San Diego, New York, London: Harcourt Brace Jovanovich, 1970.
[125] Newman, P. W.. Sustainability and cities: extending the metabolism model[J]. Landscape and Urban Planning, 1999, 44(4): 219-226.
[126] Newton, P. W. 2012, Liveable and Sustainable? Socio-Technical Challenges for

Twenty-First-Century Cities, Journal of Urban Technology, 2012, 19(1): 81-102.
[127] OECD. Better life index. [EB/OL].(2015)[2018-01-28]. http: //www.oecdbetterlifeindex.org/#/55510111111.
[128] OECD. Better life index[EB/OL].(2021)[2021-11-19]. http: //www.oecdbetterlifeindex.org/#/55510111111.
[129] Palej A. Architecture for, by and with Children: A Way to Teach Liveable City[C] // International Making Cities Liveable Conference. Vienna, Austria, 2000.
[130] Nelson, A.C., Pruetz, R., Woodruff, D.. The TDR Handbook: Designing and Implementing Transfer of Development Rights Programs[M]. Washington: Island Press, 2012.
[131] Office for National Statistics, official labour market statistics [EB/OL]. [20/11/2021]. https: //www.nomisweb.co.uk/reports/lmp/la/1946157397/report.aspx#tabempunemp.
[132] Pricewaterhouse Coopers, UK Economic Outlook November 2009 [R/OL].(2009-11)[2017-10-25]. https: //pwc.blogs.com/files/pwc-uk-economic-outlook-nov-09.pdf.
[133] Perkins, A.D.. Liveable cities in Pacific Asia: research methods for policy analysis [J]. Workshop 2, 2003.
[134] Pinquart, M., Burmedi, D.. Correlates of residential satisfaction in adulthood and old age: a meta-analysis [J]. *Annual Review of Gerontology & Geriatrics*, 2003, 23(1): 195-222.

[135] Pizor, P.. A Review of Transfer of Development Right[J]. Appraisal Journal. 1978(7): 386-396.
[136] Rapoport, A. Human Aspects of Urban Form. Elmsford[M]. NY: Pergamon, 1977.
[137] Rowe, P.G.. Design thinking[M]. Cambridge, Mass: MIT press, 1991.
[138] Ruth, M., Rranklin, R.S.. Liveability for all? Conceptual limits and practical implications[J]. Applied Geography, 2014, 49: 18-23.
[139] Sakamoto A, Fukui H. Development and application of a liveable environment evaluation support system using Web GIS[J]. Journal of Geographical Systems, 2004, 6(2): 175-195.
[140] Salzano E. Seven Aims for the Liveable City[C] // Lennard S H, S von Ungern-Sternberg, H L Lennard, eds. Making Cities Liveable. International Making Cities

Liveable Conference. California, USA: Gondolier Press, 1997.

[141] Schultz, T.W.. Capital Formation by Education[J]. Journal of Political Economy, 1960, 68(6): 571-583.

[142] Sert J L. Can our cities survive? an ABC of urban problems, their analysis, their solutions[M]. Cambridge: Harvard University Press, 1942.

[143] Ståhl, A., Gunilla Carlsson, G., Hovbrandt, P., Iwarsson, S.. "Let's go for a walk!" : identification and prioritisation of accessibility and safety measures involving elderly people in a residential area[J]. European Journal of Ageing, 2008, 5(3): 265-273.

[144] Singapore National Environment Agency. Air Quality in Singapore [EB/OL]. https: //www.nea.gov.sg/our-services/pollution-control/air-pollution/air-quality[2021-04-20].

[145] Singapore National Environment Agency. [EB/OL]. https: //www.nea.gov.sg/our-services/pollution-control/water-quality[2021-04-20].

[146] Singapore National Environment Agency.Construction Noise Control [EB/OL]. https: //www.nea.gov.sg/our-services/pollution-control/noise-pollution/construction-noise-control[2021-04-20].

[147] Smith, D.L.. Amenity and Urban Planning[M]. London: Crosby Lockwood Staples, 1974.

[148] Ståhl, A., & Iwarsson, S. Let's go for a walk – A project focusing on accessibility, safety and security for older people in the outdoor environment[J]. Gerontologist(Special Issue I). 2004. 44: 151-151.

[149] Ståhl, A., Gunilla Carlsson, G. Hovbrandt, P. and Iwarsson, S. "Let's go for a walk!" : identification and prioritisation of accessibility and safety measures involving elderly people in a residential area[J]. European Journal of Ageing, 2008, 5(3): 265-273.

[150] Straits Times, Singapore Population Better educated across Age Ethnicity; women make greater strides[N/OL]. https: //www.straitstimes.com/singapore/spore-population-better-educated-across-age-ethnicity-women-make-greater-strides (2021-06-16)[2021-11-20].

[151] Tavares, A.. Can the Market Be Used to Preserve Land? The Case for Transfer of Development Rights[R/OL]. (2003-1) [2017-10-15]. Research Papers in Economics, https: //www.researchgate.net/publication/23730845.

[152] The State Government of Victoria. Plan Melbourne (2017-2050) [EB/OL]. (2017-

07-20) [2018-3-18]. http://www.planmelbourne.vic.gov.au/highlights/a-more-connected-melbourne.

[153] Timmer, V., Seymoar, N. K.. The World Urban Forum 2006 : Vancouver Working Group Discussion Paper: the liveable city[EB/OL].(2006). [2018-3-19]. https://www2.gov.bc.ca/assets/gov/british-columbians-our-governments/local-governments/planning-land-use/wuf_the_livable_city.pdf.

[154] Timothy D. Berg. Reshaping Gotham: The City Liveable Movement and the Redevelopment of New York City. 1961—1998[D]. Purdue University Graduate School, 1999 : 1-54.

[155] The Economist Intelligence Unit. A Summary of the Liveability Ranking and Overview August 2016[EB/OL].(2016-6) [2017-4-20]. The Economist Intelligence Unit. Available at: http://www.eiu.com/Handlers/WhitepaperHandler.ashx?fi=Liveability+Ranking+Summary+Report+-+August+2016.pdf&mode=wp&campaignid=Liveability 2016.

[156] United Nation(UN).Global report on human settlements 1996[R]. London: United Nations Human Settlements Programme, 1996.

[157] UNEP, Sustainable Consumption and Production and the SDGs[R/OL]. 2015 (2019-03-07). http://www.unep.org/post2015/Portals/50240/Documents/UNEP%20Publications/UNEPBriefingNote2.pdf.

[158] van Kamp, I., Leidelmeijer, K., Marsman, G., de Hollander, A.. Urban environmental quality and human well-being[J]. Landscape and Urban Planning, 2003, 65(1-2): 5-18.

[159] Villiger, J., Li, P.. Open Space Network Construction—Inspiration from the Planning Practice of Zurich from A “Gray City” to A “Liveable City” [J]. Theory of Planning and Design, 2014(12): 67-70.

[160] Vuchic V R. Transportation for Liveable Cities[M]. New Brunswick, NJ: Center for Urban Policy Research(CUPR), 1999 : 2.

[161] Wall, R., The Global, Regional and Local Geography of Vienna’s Foreign Direct Investment[R/OL] (2019-04)[2021-11-19](DOI: 10.13140/RG.2.2.24229.86247)

[162] Washington Department of Transportation (WSDOT). Learning from Truckers: Moving Goods in Compact, Liveable Urban Areas[EB/OL].(2016-12-10) [2017-07-16]. https://www.wsdot.wa.gov/research/reports/fullreports/431.1.pdf.

[163] WHO. World Health Organization : Social determinants of health: key concepts

[DB/OL].(2013-05-07)[2021-5-4]. http://www.who.int/social_determinants/sdh_definition/en.

[164] Victoria Transportation Policy Institute(VTPI). Sustainability and Liveability [EB/OL].(2013-05)[2017-07-16]. http://www.vtpi.org/documents/sustain.php.

[165] World Cities Culture Forum. World Cities Culture Report 2015[EB/OL].(2015-11-01)[2017-10-15]. http://www.worldcitiescultureforum.com/assets/others/WCCF_Report_D2.pdf.

[166] Yang, C.K.. Religion in Chinese Society[M]. Cambridge: Cambridge University Press, 2008.

[167] Yang, C.K. Religion in Chinese Society: A Study of Contemporary Social Functions of Religion and Some of Their Historical Factors[M]. Cambridge: Cambridge University Press, 2008.

